4° S
2305

AF459727

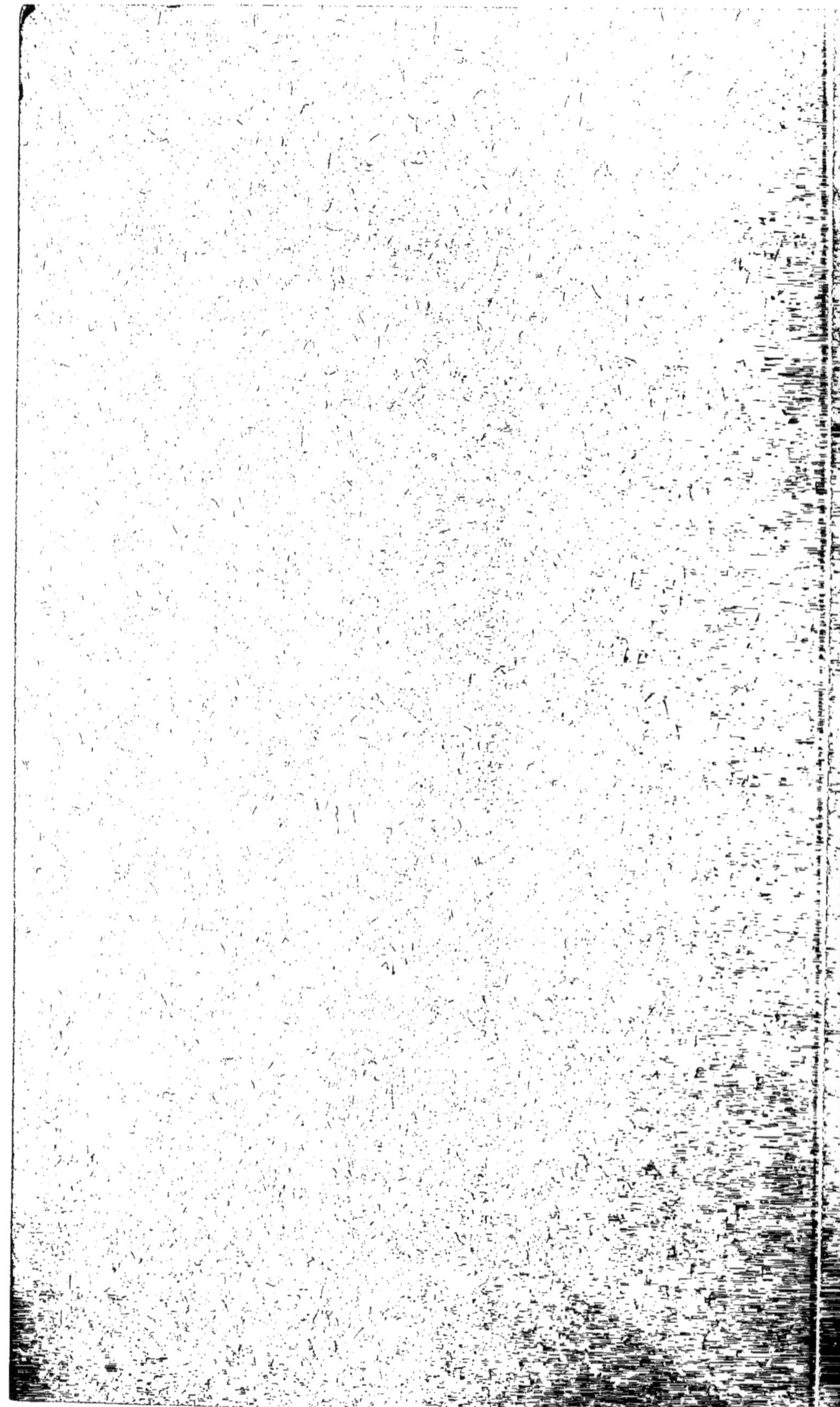

4° S
.2305.

Viaggio ad Assab nel Mar Rosso, dei signori G. Doria ed O. Beccari con il R. Avviso « Esploratore » dal 16 Novembre 1879 al 26 Febbraio 1880.

BIBLIOTHÈQUE NATIONALE R.F.

DON 110462

II.

Étude sur les Arachnides de l'Yemen méridional, par. E. SIMON.

(*Pl. VIII*).

La faune arachnologique du sud de l'Arabie était jusqu'à ce jour complètement inconnue, aussi avons nous accepté avec le plus grand empressement l'obligeante proposition qui nous a été faite par M. le Marquis J. Doria d'étudier et de publier les matériaux que possède le Musée Civique d'Histoire Naturelle de Gênes sur cet intéressant sujet.

Les matériaux mis en œuvre dans ce travail proviennent tous de l'Yemen méridional, les uns ont été recueillis par MM.[rs] J. Doria et O. Beccari, en janvier 1880, pendant leur voyage d'exploration dans la Mer Rouge à bord de l'« Esploratore » (1) soit à Aden même, soit dans les environs, particulièrement dans une localité appelée Sceik Osman (2) à 5 kil. d'Aden et à la base de l'Isthme, une seule espèce (*Buthus Bec-*

(1) Pour plus de détails cf.: Viaggio ad Assab nel Mar Rosso, dei signori G. Doria ed O. Beccari con il R. Avviso « Esploratore » dal 16 nov. 1879 al 26 febr. 1880, in Ann. del Mus. Civ. di St. Nat. di Gen., vol. XVI, p. 523.

(2) Nous conservons aux noms de localité l'orthographe qui nous est donnée par M.[r] le Mis Doria, ces mêmes mots sont écrits par le capitaine F. M. Hunter dans son ouvrage « *An account of the british settlements of Aden in Arabia* » Shaikk O'thman et Taizz.

4° S 2305

carii) a été prise par les mêmes voyageurs pendant une courte escale à Moka, les autres matériaux ont été recueillis par M.r R. Manzoni dans un voyage dans l'intérieur à Tes, à environ 30 kil. de la côte et environ 35 kil. à l'ouest d'Aden.

Autant qu'on en peut juger par le nombre restreint d'espèces que nous avons étudié, la faune de l'Yemen méridional se rattache encore à celle du pourtour de la Méditerranée, quelques espèces sont communes à toutes les régions méditerranéennes, un plus grand nombre n'étaient connues que d'Egypte et de Syrie, enfin les espèces nouvelles que nous décrivons sont pour la plupart voisines de formes syriennes et égyptiennes, et les genres nouveaux que nous proposons avaient déjà des représentants dans ces deux régions.

A part quelques espèces à habitat très vaste comme le *Pholcus borbonicus*, rien ne rappelle dans l' Yemen la faune si riche de l'Afrique intertropicale et sous ce rapport le parallèle de la côte éthiopienne et de celle d'Arabie est curieuse, car d'un côté à Massaua nous constatons déjà la présence du genre *Gasteracantha* (*lepida*) et sur les premiers plateaux éthiopiens celle des genres *Nephila* et *Caerostris*, tandis que de l'autre côté de la Mer Rouge ces types si caractéristiques ne sont pas représentés.

A côté de cela cependant nous devons signaler la présence d'un *Scytodes* (*univittata*) qui habite également l'Inde, tandis qu'une seconde espèce du même genre (*S. delicatula*) étend son habitat jusqu'en Espagne; ce fait qui n'est probablement pas isolé donne à cette faune un caractère mixte mais l'élément européen y domine beaucoup.

Le classement suivant des Arachnides de l' Yemen méridional fera mieux ressortir les faits que nous venons d'exposer:

1.er Espèces répandues dans toutes les régions méditerranéennes ou au moins s'avançant jusqu'en Algérie.

Thyа imperialis, *Hasarius Paykulli* (presque cosmopolite), *Lycosa venatrix*, *Palpimanus gibbulus*, *Cyrtophora citricola*, *Uroctea limbata*, *Scytodes delicatula*, *Filistata testacea*.

2.e Espèces communes à l'Egypte et à la Syrie ou à l'une de ces deux régions.

Lycosa tarentulina, Evippa ungulata, Selenops aegyptiaca, Sparassus Walckenaeri, Synaema diana, Hersilia caudata, Stegodyphus molitor, Argiope Lordii, Epeira nautica, Prosthesima inaurata, Drassus coruscus, Pythonissa plumalis, Marpissa balteata, Pholcus borbonicus, Nebo flavipes.

Parmi ces espèces, trois: *Pholcus borbonicus, Marpissa balteata,* et *Selenops aegyptiaca* étendent leur habitat sur toute la côte occidentale d'Afrique jusqu'à Madagascar et aux îles Mascaraignes.

3.e Espèces nouvelles mais appartenant à des genres représentés en Egypte et en Syrie.

Biton yemenensis, Olpium rubidum, Salticus tristis, Habrocestum insignipalpe, Mogrus fulvovittatus, Peucetia arabica, Lycosa mendicans, Lycosa hypocrita, Lycosa timida, Diaea graphica, Thomisus arabicus, Thanatus simplicipalpis, Trygetus nitidissimus, Cyclosa propinqua, Epeira subacalypha, Larinia flavescens, Pythonissa bicalcarata, P. spinigera, P. arenicolor, Chiracanthium yemenense, Buthus dimidiatus, B. acutecarinatus, Butheolus thalassinus.

4.e Espèces observées sur d'autres points de l'Arabie:

Rhax impavida, Buthus liosoma.

Ce dernier s'étendant aussi sur la côte occidentale d'Afrique.

5.e Espèce se retrouvant dans l'Inde:

Scytodes univittata.

6.e Genre propre, sans analogue connu dans la faune Européenne:

Zimiris.

Nous avons réuni à la fin de ce mémoire dans un appendice quelques observations générales auxquelles donnent lieu plusieurs espèces et qui par leur longueur ne pouvaient trouver place dans de simples notes, nous avons ajouté aussi les descriptions de quelques espèces similaires, récemment découvertes dans la haute Egypte.

Ordo SOLIFUGAE.

Fam. Galeodidae.

1. **Rhax impavida** C. Koch, Archiv. Naturg., VIII, p. 354, 1842, et Ar., XX, p. 94, f. 1482.

Sceik Osman près Aden.

Un très jeune individu que je rapporte avec doute à l'espèce de C. Koch, ses caractères n'étant pas suffisamment développés. Il s'éloigne de la figure de C. Koch par la coloration des pattes les antérieures étant noirâtres et les postérieures testacées. Si la détermination est exacte le *R. impavida* rentre dans le genre *Rhax sensu stricto* et non dans le genre *Dinorhax* comme je le supposais.

2. **Biton yemenensis** sp. nov. (1). (Pl. VIII, fig. 1).

♀. Long. 13 mm.

Pars cephalica obscure fulvo rufescens, parum latior quam longior, convexa, antice parum arcuata, postice sensim attenuata et rotundata, in medio subtile sulcata, setis albis validis et longis parce ornata, postice setis longis linea transversa ordinatis instructa. Tuber oculorum infuscatum, sat magnum, transversum, parum convexum, antice setis flavis numerosis et inordinatis instructum, intervallo oculorum diametro oculi fere aequo. Segmenta thoracica abdomenque albo-testacea, haud spinosa, setis albidis irregulariter vestita. Chelae fulvo rufescentes, setis gracilibus, mediocribus, haud truncatis nec bulbosis munitae, elongatae, attenuatae, digito fixo dentibus 1° et 3° minutissimis, dentibus 2° 4° et 5° validis fere aequis, digito mobili dente 1° 3° minore. Pedes maxillares sat graciles, fusco-rufescentes, metatarso nigricanti, apice tibiae tarsoque testaceis, tibia metatarsoque ad basin atque ad apicem sensim attenuatis, tarso ad basin attenuato subappendiculato, femore subtus, tibia metatarsoque setis gracilibus et longissimis parce instructis sed haud spinosis — Pedes graciles et longi, albo testacei, femoribus tibiisque III et IV valde infuscato rufescentibus; metatarso III spinis validis 3 supra armato; femore IV valde compresso versus basin paullo dilatato.

Sceik Osman près Aden.

Diffère surtout de *B. Ehrenbergi* Karsch par la première dent

(1) Voy. ci-après observation n. 1.

du doigt fixe beaucoup plus petite que la seconde et par le tarse de la patte-mâchoire fortement attenué à la base.

Ordo CHERNETES.

Fam. **Cheliferidae.**

Subfam. GARYPINAE.

3. **Olpium rubidum** sp. nov.

Long. 4, 5 mm.

Cephalothorax et pedes maxillares laete fulvo-rufescentes, abdomen pedesque albo-testacea. Cephalothorax multo longior quam latior, leviter convexus, fere parallelus, antice posticeque vix attenuatus, nitidus, subtilissime coriaceus, strigis nullis, oculis sat magnis, fere aequis, distincte disjunctis, fronte parallela, antice recte truncata. Segmenta abdominalia nitidissima, ultimo recte truncato atque setis paucis longis munito. Pedes maxillares nitidi, subtile coriacei, setis gracillimis et sat longis sed diametro articulorum brevioribus parce vestiti, trochantero evidenter longiore quam latiore, longe pediculato, in medio supra valde convexo atque rotundato, femore lato, ad basin abrupte et breve pediculato, ad apicem sensim attenuato, tibia femore longitudine aequa, vix latiore, sat breve pediculata, extus paullo, intus valde convexa, ad apicem attenuata, manu tibia parum breviore multo latiore, ad basin lata atque fere quadrata, extus fere recta, intus regulariter convexa, digitis manu fere longitudine aequa, sat gracilibus, paulo arcuatis.

Aden.

Ordo ARANEAE.

Fam. **Attidae.**

Genus **SALTICUS** LATR.

Un très jeune individu provenant d'Aden, paraît ressembler complètement au *S. formicarius* De Geer, mais ses caractères ne sont pas assez developpés pour qu'il soit possible de décider s'il lui est réellement identique.

L'espèce suivante est certainement distincte.

4. **Salticus tristis** sp. nov.

♀. Long. 5 mm.

Cephalothorax longus et angustus, in medio valde coarctatus, parte cephalica subquadrata, supra fere plana vix convexa, postice rotundata, parte thoracica angustiore, convexa, postice declivi et attenuata, nigerrimus, opacus, dense et regulariter coriaceus, pilis albis simplicibus sparsus, in medio vitta transversa alba, interrupta, pilis squamiformibus composita ornatus. Abdomen longum et angustum, subcylindricum, plus triplo longius quam latius, haud vel vix coarctatum, nigrum, pilis flavis simplicibus sat dense vestitum, vitta transversa alba paulo arcuata ante medium ornatum. Sternum minimum, angustissimum, nigrum. Chelae breves, antice planae, rufescentes, coriaceae. Pedes maxillares breves, patella tibia tarsoque valde dilatatis et depressis patellam ovalem formantibus, supra subtile coriaceis rufo-brunneis submicantibus. Pedes parum robusti, antici breves, postici longi; coxis et trochanteris I et II albo testaceis ad basin nigro maculatis, coxis III et IV nigris, trochantero III nigro, IV testaceo, femoribus I et II testaceis extus fusco tenue lineatis, femoribus III et IV nigerrimis, patellis tibiisque I et II supra fuscis infra testaceis, patellis tibiisque III et IV nigris, patella IV ad basin testaceo annulata, metatarsis tarsisque I et IV valde infuscatis, II et III flavis ad basin plus minus fusco lineatis.

Aden.

Deux femelles dont une seule presque adulte.

5. **Menemerus balteatus** C. Koch, 1846.

Marpissa balteata C. Koch, Ar., XIII, p. 68, f. 1133, ♂.

? id. *dissimilis* C. Koch, l. c., p. 70, f. 1135.

? *Attus muscivorus* Vinson, Aran. Réun. etc., p. 47, pl. X, f. 1, 1864.

Aden. Tes.

Cette espèce paraît repandue sur toutes les côtes de l'Afrique occidentale.

Elle est très voisine de *M. nigrolimbatus* O. P. Cambridge (Proc. zool. Soc., 1869, p. 452) des Iles océaniques, de *M. vittatus* E. Simon (Ann. Soc. Ent. Fr. 1876, p. 59) et de *M. foliatus* L. Koch (Ar. Austr., XXV, p. 1123, pl. XCVIII, f. 1 et 2, 1879); elle se distingue surtout des deux dernières espèces par le bulbe très large et presque carré par le bas, tandis que chez les deux autres il est ovale et longuement atténué.

6. **Thya imperialis** W. Rossi, 1847.
Attus regillus L. Koch.
» *argenteolunulatus* E. Simon.
Thya imperialis E. Simon, Ar. Fr., III, p. 52, 1876.
Aden.

Commun. Cette espèce a un grand habitat, elle est repandue dans tout le midi de l'Europe, dans l'Asie occidentale et dans une grande partie de l'Afrique.

7. **Hasarius Paykulli** Aud. in Sav.
Salticus Vaillantii H. Lucas.
» *culicivorus* Dolesch.
Menemerus culicivorus Thorell, Rag. mal. etc., I, p. 228, 1877. II, p. 237, 1878.
Hasarius Paykulli E. Simon, Ar. Fr. III, p. 81, 1876.
Aden, Sceik Osman, Tes.

Commun. Cette espèce paraît presque cosmopolite, elle est repandue dans une grande partie de l'Europe, en Afrique, en Asie méridionale, en Malaisie et dans l'Amérique du sud.

Genus **PHLEGRA** E. S.. Ar. Fr., t. III, 1876.

Quelques jeunes individus appartenant à ce genre ont été trouvés à Aden, ils paraissent très voisins de *P. Bresnieri* Lucas, mais leurs caractères ne sont pas assez développés pour décider de leur identité.

8. **Habrocestum insignipalpe** sp. nov.

♂. Cephaloth. long. 3, 1; larg. 2, 3. Pedes 3, 4, 1-2.

Cephalothorax crassus et altus, in medio convexus, antice posticeque declivis, in medio striga longitudinali brevissima notatus, nigerrimus, levis, supra fulvo postice et lateribus sordide albido dense pubescens, pilis oculorum et supra et in medio rufo-aurantiacis, infra albidis, clypeo subtus oculos glabro, ad marginem setarum albarum linea simplice notato. Oculi antici approximati, lineam evidenter arcuatam formantes. Clypeus diametro oculorum $^1/_3$ angustior. Abdomen breve ovatum, postice attenuatum, nigrum, supra sordide luteo pubescens, infra in medio flavo pubescens sed albo marginatum. Mamillae longae, testaceae, supra nigro-maculatae. Sternum nigrum, albido pubescens. Pedes robusti, sat longi, in proportione 3, 4, 1-2, fulvi plus minus fusco variati et subannulati, sordide albo pubescentes cum femoribus I et II subtus laete flavo-pubescentibus, aculeis longissimis fulvis subpellucentibus armati. Pedes maxillares robusti, femore compresso, robusto, brevi, supra dense et longe albo pubescente infra setis nigris, longissimis et divaricatis munito; patella magna supra densissime albo pubescente; tibia patella breviore et angustiore, intus rufo extus albo pubescente; tarso minimo, breve ovato, ad apicem obtuse truncato, supra pilis rufo-coccineis setis nigris, praesertim ad apicem, intermixtis ornato, bulbo simplice longe ovato ad basin longe attenuato.

♀. Cephaloth. long. 3,6; larg. 2,5. — Abd. long. 3, 6; larg. 2,8. — Pedes 3, 4, 1-2.

Pili oculorum sordide albidi; clypeus longe et dense albo pubescens. Pedes maxillares testacei, pilis albis vestiti. Vulva plaga cordiformi, rufula, nitida, postice leviter emarginata notata.

Aden.

Remarquable espèce facile à distinguer des autres représentants du genre par la coloration uniforme de la pubescence du corps, par la variété et la singulière disposition de celle de la patte-mâchoire chez le mâle.

Genus **MOGRUS** [1] nov. gen.

Cephalothorax longior quam latior, crassus et altus, postice attenuatus et valde declivis. Pars cephalica parte thoracica multo brevior, anteriora versus sat valde angustata et declivis. Quadrangulus oculorum multo latior quam longior, latior postice quam antice. Series oculorum anticorum fere recta, mediis magnis a sese approximatis, lateralibus a mediis longe separatis multo minoribus et vix majoribus quam oculis posticis. Oculi seriei secundae minimi fere in medio inter oculos posticos et oculos laterales anticos positi. Clypeus oculis mediis anticis angustior, planus, longissime pilosus. Chelae robustae verticales. Sternum minimum, elongatum, coxis multo angustius. Pedes sat robusti et longi: III, IV, I, II. Tibia cum patella 3ii paris vix longiores et robustiores quam tibia cum patella 4i paris. Metatarsus cum tarsus 4i paris patella cum tibia vix brevior. Articuli cuncti valde aculeati. Mamillae superiores longae, angustae et arcuatae.

Ce genre est voisin du genre *Aelurops* Th. mais en diffère essentiellement par la première ligne des yeux droite, il se rapproche aussi du genre *Habrocestum* E. S., mais s'en distingue par le quadrilatère des yeux très fortement atténué en avant et déclive, par les yeux latéraux antérieurs très largement séparés des médians, enfin par les pattes des deux paires postérieures peu inégales en longueur. La forme très caractéristique de la partie céphalique et le grand écartement des yeux latéraux antérieurs le différencient des genres *Pellenes* et *Hasarius* E. S.

Le genre *Mogrus* a aussi des représentants en Egypte, en Syrie et en Grèce, le *Dendryphantes canescens* C. Koch en fait partie.

9. **Mogrus fulvovittatus** sp. nov. (Pl. VIII, fig. 2).

♀. Long. 8 mm.

Cephalothorax crassus et altus, niger, pilis crassis albido-fla-

[1] Nom. geogr.

vescentibus omnino densissime vestitus, vitta media fulvo-aurantiaca parallela, antice dimidium areae oculorum non superante supra ornatus, pilis oculorum albidis, pilis clypei flavis longissimis et densis. Chelae nigrae, subtile rugosae, pilis nigris parce instructae. Abdomen elongatum, postice longe attenuatum, albido longe pubescens, vitta media integra fulvo-rubida in parte prima parallela, in parte secunda regulariter et breve denticulata et vitta marginali plus minus distincta et interrupta supra notatum. Sternum venterque albo vestita. Pedes maxillares pedesque fulvi, albo pubescentes, nigro setulosi et aculeati. Plaga vulvae maxima antice fovea late carinata notata, postice plana atque transverse irregulariter plicata.

Aden.

Trois femelles.

Fam. **Oxyopidae.**

10. **Peucetia arabica** sp. nov.

♂. Cephaloth. long. 5; ped. 1, 4, 2, 3.

Cephalothorax fulvo testaceus plus minus virescens, in medio et in lateribus punctis rufulis minutissimis parcissime ornatus, nitidus, pilis flavis parce vestitus, area oculorum infuscata dense flavescente pilosa. Clypeus verticalis, testaceus, vittis rufulis duabus punctatis et parum distinctis longitudinaliter ornatus. Sternum chelaeque testaceo virida, haud striata nec lineata. Abdomen longum et angustum, postice attenuatum, laete viride, vittis flavis duabus parallelis, maculis rufulis punctatis et obliquis ornatis supra notatum, subtus viride concolor. Pedes testacei parce et minute rufo punctati, tibiis ad basin atque ad apicem anguste rufescentibus, aculeis longissimis, fuscis et subpellucentibus armati. Pedes maxillares longissimi, fulvi, tarso bulboque infuscatis, femore gracili sensim curvato, supra 2- ad apicem 3- aculeato, patella gracili parallela, plus triplo longiore quam latiore supra ad apicem uniaculeata, tibia patella fere duplo longiore, gracili, versus medium paullo incrassata atque utrinque aculeo valido et longissimo armata, ad apicem sensim dilatata, tarso tibia multo breviore, ovato, ad apicem abrupte angustiore atque processu cylindrico et gracili, sed tarso breviore, antice producto, bulbo apophysa exteriori longissima in parte prima gracili et cylindrica, versum medium inflexa atque supra minutissime denticulata, in parte secunda depressa, laciniosa, paullo dilatata et lanceolata haud lobata nec denticulata.

♀. Cephaloth. Long. 5,8 — Abd. long. 9.

Cephalothorax testaceo viridis, plus minus rufo brunneo variatus, area oculorum infuscata atque dense albo pilosa. Abdomen oblongum, antice convexum, postice valde acuminatum, laete viride, supra plus minus rufo punctatum et variatum, vitta longitudinali integra viridi haud punctata plus minus distincta utrinque maculis rufis obliquis 4 vel 5 limitata ornatum. Pedes testacei, femoribus valde rufo et brunneo punctatis. Vulva tuberculis duobus obscure viridibus, geminatis, extus acuminatis breve et tenue productis subacutis notata.

Aden.

Paraît commun.

Cette belle espèce est très-voisine de *P. viridis* Bl. (= *litoralis* E. S.), elle s'en distingue surtout chez le mâle par la forme de l'apophyse du bulbe, chez *viridis* en effet cette apophyse est régulièrement arquée dés la base, nullement coudée et dans la seconde moitié elle offre en dessus une dilatation arrondie; chez la femelle par la forme de l'épigyne, chez *viridis* en effet il n'y a pas de tubercules géminés mais une plaque avec les angles antérieurs prolongés et les postérieurs decoupés par une échancrure et précédés d'une fossette. Elle est également voisine de *P. virescens* Cambr., de Syrie, mais chez celui-ci les tubercules géminés de l'épigyne sont simplement carrés en arrière nullement prolongés. Parmi les espèces voisines on peut encore citer *P. viridans* Hentz (= *thalassina* C. Koch) d'Amérique, mais elle en diffère chez le mâle par la patella de la patte-mâchoire beaucoup plus longue et pourvue d'une seule épine en dessus à l'extrémité tandis que chez *viridans* cet article est court et pourvu en outre d'épines latérales. Elle diffère de *P. Lucasi* Vinson, par la patte-mâchoire du mâle beaucoup plus longue et le tarse brusquement prolongé en pointe cylindrique (comme chez *viridis* et *viridans*) tandis que chez *Lucasi* il est simplement obtus. Il diffère enfin de *P. striata* Karsch (de la côte occidentale d'Afrique), dont je ne connais que la femelle, par le bandeau moins haut et les chélicères concolores en avant, nullement rayées de noir, enfin par l'épigyne, en effet tandis que chez *arabica* les tubercules sont prolongés extérieurement en pointes courtes chez *striata* ils sont prolongés par de longues apophyses grêles, un peu arquées en dehors.

Pour rendre plus clair ce qui précède nous resumons dans le tableau suivant les caractères distinctifs des femelles des quatre espèces qui habitent les régions méditerrannéennes, l'Arabie et la côte occidentale d'Afrique.

1. *Vulva tuberculis duobus geminatis notata* . . . . . 2.
   Vulva haud tuberculata, plaga viridi antice ad angulos breve producta, postice ad angulos utrinque fovea minima arcuata limitata notata . . . . *viridis* Black.
   (Hisp., Alg., Ægyp.).
2. *Tubercula vulvae extus recte truncata, haud producta.*
   virescens Cb. [1] (Syria).
   Tubercula vulvae extus acuminata et producta . . 3.
3. *Tubercula vulvae breve producta. Chelae antice concolores.*
   arabica E. S.
   Tubercula vulvae longissime et gracile producta. Chelae antice nigro unilineatae . . . . *striata* Karsch.
   (Africa occid.).

Fam. **Lycosidae.**

11. **Lycosa tarentulina** Aud. in Sav., Egypte. p. 143, pl. IV, f. 2, 1827.

Tes. (R. Manzoni).

Espèce très repandue en Egypte et en Syrie.

[1] Proceed. Zool. Soc., 1872, p. 314.

12. **Lycosa venatrix** H. Lucas, 1842.

Lycosa venatrix H. Lucas, Expl. Sc. Alg., Ar., p. 116, pl. III, f. 7 [1].

Lycosa fidelis O. P. Cambr., Spid. Palest. etc., P. Z. S., 1872, p. 319.

Lycosa galerita L. Koch, Ægypt. u. Abyss. Arach., 1875, p. 69, pl. VII, f. 1.

Lycosa galerita E. Simon, Ar. Fr., t. III, p. 269.

La plus commune du genre dans l'Yemen méridional.

Habite également et en abondance la Syrie et l'Egypte; moins commun en Algérie, se trouve aussi isolement sur quelques points des côtes d'Espagne et même du midi de la France.

13. **Lycosa mendicans**, sp. nov.

♂ et ♀ pulla. Long. 6, 5 vel 7.

Cephalothorax sat brevis et latus, niger rufo fulvoque pubescens, linea sub-marginali sinuosa atque macula media lata, oculos haud attingente, utrinque paullo laciniosa, obscure fulvo rufescentibus, cinereo albido pubescentibus supra ornatus. Oculi antici lineam evidenter procurvam formantes, mediis paulo majoribus et inter se magis quam a lateralibus remotis. Intervallum oculorum seriei secundae diametro oculi paululum latius. Oculi seriei 3ae oculis seriei 2ae paulo minores et sat longe remoti. Clypeus fuscus, diametro oculorum anticorum fere duplo latior. Chelae longae, parallelae, nitidae, nigricantes, in medio late fulvo maculatae, parce albido pubescentes. Sternum obscure fuscum, albo pubescens, vitta media fulva ornatum. Abdomen oblongum, supra nigricans, in parte prima vitta longitudinali flava lanceolata et utrinque maculis testaceis, in parte secunda vittis testaceis latis transversis arcuatis et nigro parce punctatis ornatum, infra testaceum et albo dense pubescens. Pedes mediocres parum robusti, obscure rufescentes nigro annulati, femoribus annulis laciniosis tribus latissimis, tibiis metatarsisque annulis basilari et medio ornatis, tarsis fulvis; tibiis metatarsisque I et II subtus

(1) D'après le type conservé au Musée de Paris.

2-2 longe aculeatis et utrinque bi-aculeatis, tibia IV cephalothorace paulo longiore.

♂. Pedes maxillares longi sat graciles, femore nigro ad apicem anguste fulvo annulato, patella tibiaque fulvis nigro maculatis pilis albis ornatis, tarso bulboque nigris; tibia patella evidenter longiore, fere parallela utrinque unispinosa; tarso angustato sed ad basin tibia latiore, ad apicem valde et longe attenuato subacuminato, bulbo parum convexo, in medio lobo rufo obtusissime conico atque ad apicem carina nigra transversa notato.

Tes.

Espèce très voisine de *L. venatrix*, elle s'en distingue surtout par la patte-mâchoire du mâle beaucoup plus étroite et plus longue, par le bulbe beaucoup moins convexe et plus simple.

14. **Lycosa hypocrita** sp. nov. (Pl. VIII, fig. 3).

♂ ♀. Long. 13 vel 15 mm.

Cephalothorax sat brevis et latus, fronte lata et obtuse truncata, fulvo-olivaceus, flavo-albido pubescens, area oculorum nigra, vitta marginali integra valde denticulata atque vittis duabus dorsalibus latioribus postice convergentibus, in parte thoracica intus denticulatis, fusco-olivaceis supra ornatus, striga media longa et profunda. Oculi antici lineam fere rectam (vix procurvam) formantes, fere aequedistantes, medii majores. Intervallum oculorum seriei secundae diametrum oculi vix aequans. Oculi seriei 3^{ae} oculis seriei 2^{ae} paulo minores et parum remoti. Clypeus fulvus, latus, verticalis, planus. Chelae fulvae, extus paullo infuscatae, pilis albidis setis nigris paucis intermixtis vestitae. Sternum obscure fulvo olivaceum, albido breve pubescens. Abdomen ovato elongatum postice attenuatum, supra olivaceo-nigricans, fulvo- alboque pubescens, in parte prima vitta longitudinali lanceolata fusco tenue marginata utrinque maculis tribus irregularibus testaceis, in parte secunda vittis transversis brevibus 3 vel 4 arcuatis testaceo rufescentibus, atque punctorum albo-niveorum seriebus tribus ornatum. Venter fulvo testaceus, albido breve pubescens. Pedes longi, parum robusti, metatarsis gracilibus, fulvo olivacei, femoribus tibiisque late fuscoolivaceo annulatis, patellis omnibus utrinque uniaculeatis atque patellis III et IV spinis dorsalibus duabus armatis, tibiis et metatarsis I et II infra 3-3 longe aculeatis, tibiis et intus et extus biaculeatis; tibia IV cephalothorace longitudine fere aequa.

♂. Pedes maxillares fulvo-olivacei, albido parce pubescentes, tarso bulboque nigris; patella parallela, longiore quam latiore supra ad apicem unispinosa, tibia patella vix longiore, parallela, supra uni- intus bispinosa, tarso magno, lato, convexo, ad apicem valde acuminato, bulbo convexo, lobo inferiori magno elevato, stylo transverso recto munito.

♀. Plaga vulvae fusca, semi-circularis, parum convexa, paullo rugosa, ad angulos posticos paullo producta, fovea media sat minima obtuse triangulari notata.

Aden, Sceik Osman près Aden.

Espèce remarquable rappellant un peu le genre *Dolomedes* par son céphalothorax court et large, son bandeau très-elevé, ses pattes à métatarses grêles et allongés.

15. **Lycosa timida** sp. nov. (Pl. VIII, fig. 4).

♀. Long 6,5 mm.

Cephalothorax ovatus, fronte lata et obtusa, fulvo-olivaceus flavo-pubescens, area oculorum nigra pilis fulvo-rufulis vestita, vitta marginali integra intus valde denticulata atque vittis duabus dorsalibus multo latioribus postice paullo convergentibus et intus et extus sinuoso-denticulatis fusco-olivaceis supra ornatus, parte cephalica pone oculos maculis cinereis quatuor parum distinctis notata, striga media longa et profunda. Oculi antici lineam fere rectam (vix procurvam) formantes, mediis majoribus et a sese paullo magis quam a lateralibus separatis. Intervallum oculorum seriei secundae diametrum oculi fere aequans. Oculi seriei 3^{ae} oculis seriei 2^{ae} multo minores et longe remoti. Clypeus fulvus. Chelae fulvae pilis albidis, setis nigris paucis intermixtis, vestitae. Sternum testaceum albido parce pubescens. Abdomen ovatum, supra fusco olivaceum, fulvo alboque pubescens, in parte prima vitta longitudinali lanceolata tenue fusco marginata, in parte secunda lineis transversis 4 atque

BIBLIOTHÈQUE NATIONALE R.F. IMPRIMÉS

punctis albo-niveis ornatum. Venter testaceus albo pubescens. Pedes sat robusti fulvo-olivacei flavo parce pubescentes, femoribus tibiisque late et vage olivaceo annulatis, metatarso IV bi-fusco annulato, patellis I et II utrinque spina minima unica armatis, patellis III et IV utrinque unispinosis atque supra bi-longe spinosis, tibiis I et II infra 3-3 aculeatis et utrinque bispinosis.

♀. Plaga vulvae latior quam longior, antice recta, utrinque obtusa, fusca, carina lata et plana fulva antice posticeque dilatata, in medio longitudinaliter secata.

Tes.

Voisin du précédent, il s'en distingue principalement par le bandeau plus étroit, les pattes plus courtes et la forme toute différente de la plaque vulvaire; *L. timida* est voisin de *L. urbana* Cambr., d'Egypte.

Evippa (1) gen. nov.

Cephalothorax longior quam latior, in parte thoracica sat latus, lateribus rotundatis, in parte cephalica angustior et parallelus. Pars cephalica postice abrupte elevata et antice sensim acclivis. Facies alta subquadrata. Oculi antici minimi fere aequi, linea brevi et procurva positi; oculi seriei secundae maximi, serie antica latiores late disjuncti. Oculi postici magni, longe remoti; oculi seriei 2ae et ser. 3ae aream rectangulam aeque longam ac latam, parallelam vel antice vix angustiorem supra figurantes. Pedes longi et graciles, praesertim postici; tibia IV cephalothorace multo longior et metatarsus IV patella cum tibia IV multo longior; tarsi longi et gracillimi, postici versus apicem articulati; ungues superiores tarsorum posticorum longissimi et gracillimi parum arcuati ad basin denticulis 3 vel 4 instructi.

Nous proposons ce genre pour un groupe très naturel de *Pardosa*, propre aux régions sablonneuses d'Afrique et dont le *L. arenaria* Sav. (Egypte Ar. pl. IV, f. 3) est le type. Ce genre

(1) *Evippus* Nom propr.

renferme encore *L. ungulata* Cb. (P. Z. S. L. 1876, p. 603) de la haute Egypte, et *L. praelongipes* Cb. (P. Z. S. L. 1870, p. 822) du Sinaï. Ce nouveau genre se distingue des *Pardosa* par la forme de la partie céphalique dont la région oculaire, au moins aussi longue que large en dessus, se relève brusquement en arrière, par la grande longueur des pattes et surtout par la structure des tarses et des griffes postérieurs. Comme le Rev. O. P. Cambridge en a fait la remarque, les tarses postérieurs très grêles ont près de l'extrémité une fausse articulation (analogue à celles des pattes des Opiliones) qui les fait paraître biarticulés, leurs griffes supérieurs sont en même temps excessivement longues grêles et peu courbées, elles ne présentent qu'un petit nombre de denticulations et seulement à la base, cette disposition a été bien figurée par Savigny (l. c. fig. g. f.).

16. **E. ungulata** O. P. Cambr., Proceed. Zool. Soc. Lond. 1876, p. 603.

Sceik Osman.

Espèce très repandue dans la haute Egypte, nous la possédons d'Assouan et de Thèbes. Les individus recueillis dans l'Yemen sont tous immatures, il ne nous paraissent pas offrir de différence avec ceux d'Egypte.

Fam. **Sparassidae.**

17. **Selenops aegyptiaca** Aud. in Sav., Egypte, Ar., p. 162, pl. VI, f. 6, 1827.

Selenops annulipes Walck., Apt., t. 1, p. 546, 1837.

» *Dufouri* Vinson, Ar. Réun. etc., p. 78, pl. III, f. 1, 1864.

Selenops Latreillei E. Simon, Ar. Fr. II, p. 346, 1875.

» *aegyptiaca* O. P. Cambr., Proc. Z. S. Lond. p. 585. pl. XII, f. 10, 1876.

Selenops aegyptiaca E. Simon, Rév. Sparr., p. 12, 1880.

Commun à Aden.

L'habitat de cette espèce est très étendu, elle se trouve en

Asie-Mineure, au Sénégal, au Gabon, au Soudan, à l'Ile de la Réunion, aux Iles du Cap-Vert et dans le sud de l'Arabie.

18. **Sparassus Walckenaerius** Aud. in Sav., Egypte, Ar., pl. VI. f. 1, 1827.

Sparassus Cambridgei E. Simon, Rév. esp. eur. Sparrass. p. 257, 1874 (♀ pulla).

Sparassus Walckenaerius E. Simon, Rév. Sparr., p. 72, 1880.

Aden, Sceik Osman, Tes.

Cette espèce est également repandue dans l'est de l'Algérie, en Tunisie, en Egypte, en Syrie, en Asie-Mineure, en Mésopotamie, en Abyssinie etc.

Fam. **Thomisidae.**

19. **Synaema diana** Aud. in Sav., Egypte, Ar., p. 161, pl. VII, f. 9, 1827 (sub *Thomisus*).

Aden.

Paraît très commun à Aden, la collection en contenant plus de trente individus; également répandu en Egypte.

20. **Diaea graphica** sp. nov.

♂. Long. 2,5 mm.

Cephalothorax fulvo rufescens, vittis dorsalibus duabus fuscis sat latis, inter se longe remotis et subparallelis supra ornatus, subtile et regulariter coriaceus atque setis nigris validis sat brevibus parce munitus, fronte lata antice sensim declivi inter oculos haud depressa. Oculi antici approximati, laterales mediis plus duplo majores. Oculi medii postici inter se paulo magis quam a lateralibus approximati atque paulo minores. Abdomen ovato elongatum, depressum, albo testaceum vittis fuscis duabus latissimis striolatis vel punctatis intus denticulatis supra marginatum, infra albo-testaceum. Sternum pedesque albo testacea, tibiis metatarsisque I et II ad apicem nigro vel fusco annulatis, femore I spinis quatuor longis et aequis fere aequedistantibus antice instructo, tibiis I et II subtus 2-3 aculeatis, tibia I et extus et intus biaculeata, tibia II intus uniaculeata extus inermi, metatarsis I et II subtus 3-2 longe aculeatis. Pedes maxillares breves testacei tarso paullo rufescente, tibia patella breviore, apophysa crassa convexa haud attenuata ad apicem emarginata cum angulo inferiore acute et breve producto extus ad apicem armata, tarso ovato, sat convexo, bulbo discoidali simplice fulvo, stylo nigro crasse marginato.

Aden.

Quelques mâles.

Voisin de *D. dorsata* dont il se distingue par sa petite taille, ses pattes plus courtes, ses métatarses antérieurs dépourvus d'épines latérales, enfin ses yeux antérieurs plus resserrés.

21. **Thomisus arabicus** sp. nov. (Pl. VIII, fig. 5).

♂. Long. 2 mm.

Cephalothorax obscure rufo-brunneus in medio late dilutior, valde et dense coriaceus, tuberculis minimis spinigeris parce ornatus, fronte lata, fere recte truncata, tuberculis angulorum sordide albidis, divaricatis, conicis et sat longis, oculis anticis aequis fere aequedistantibus. Chelae fuscae coriaceae. Sternum testaceum. Abdomen breve, antice truncatum, postice sensim dilatatum et rotundatum, utrinque unituberculatum, supra planum, antice albo-testaceum postice sensim fusco-rufescens, setis brevibus subspiniformibus parce ornatum, subter albo-testaceum. Pedes sat breves et robusti, I et II femoribus patellis tibiisque obscure rufo-brunneis, ad apicem anguste testaceo annulatis, metatarsis tarsisque testaceis; III et IV rufescentes, coxis, patellis metatarsis tarsisque testaceis; metatarsis I et II aculeis validis et longis 5-3 subtus armatis. Pedes maxillares breves, tibia patella breviore et angustiore, apophysa articulo longiore antice oblique directa, recta, cylindrica, haud attenuata et oblique truncata supra extus armata, extus granulis nigris 4 vel 5, subter apophysa brevi et obtusa instructa, tarso minimo discoidali, bulbo simplice.

♀. Long. 8.

Cephalothorax lurido-testaceus cum spatio oculorum albo opaco, subtilissime coriaceus fere laevis, setis robustis brevissimis parce vestitus; parte cephalica in medio convexa antice declivi, tuberculis angulorum mediocribus et obtusis. Abdomen testaceo-flavescens concolor, magnum, crassum, antice rotundatum postice valde dilatatum et elevatum, tuberculis ordinariis obtusis. Pedes lurido-testacei concolores, aculeis albidis brevibus et validis armatis, femore I in parte basilari spinarum 3 vel 4 serie unica armato, tibiis I et II 5-6, metatarsis I et II 6-6 aculeis subtus armatis. Vulvae fovea minutissima elongata subparallela, antice minime bituberculata.

Aden.

Commun.

Espèce voisine de *T. spinifer* Cambr. (1) chez le mâle par les pattes courtes et l'armature des téguments, il en diffère cependant beaucoup par la présence d'une rangée de fortes épines aux métatarses antérieurs, les tubercules frontaux moins longs, les yeux antérieurs équidistants; la femelle diffère essentiellement de *T. spinifer* par la forme du céphalothorax, la partie céphalique est en effet convexe et un peu inclinée en avant tandis que chez *spinifer* elle est plane et fortement élevée en avant, enfin chez ce dernier les tubercules angulaires sont beaucoups plus longs.

22. **Thanatus simplicipalpis** sp. nov. (Pl. VIII, fig. 6).

♂. Long. 4, 6 mill.

Cephalothorax paullo longior quam latior fusco olivaceus, vitta media latissima, vittaque marginali angustiori obscure fulvis albo longe pubescentibus ornatus. Oculi antici aequi, lineam sat recurvam formantes, mediis inter se vix magis quam a lateralibus separatis. Oculi postici aequi, anticis paullo minores, fere aequedistantes. Abdomen ovatum, antice obtuse truncatum, postice attenuatum, obscure fulvum, albo fulvoque pubescens, in parte prima vitta fusca albomarginata lanceolata ornatum. Sternum

(1) *T. spinifer* O. P. Cambr., Gen. List. of Spid. of Pal. etc. 1872, p. 308, pl. XIV f. 14. = *T. citrinellus* E. Simon, Ar. Fr. II, p. 253. Espèce très commune en Egypte et en Syrie, plus rare en Espagne et en Sicile.

venterque fulvo-testacea. Pedes obscure olivacei abunde fusco punctati, spinis fuscis robustis armati, metatarsis tarsisque scopulis longis subtus sparsim vestitis. Pedes maxillares breves et angusti, fulvi fusco maculati, femore supra ad apicem spinis 4 (3-1) instructo, patella paullo longiore quam latiore, parallela, tibia patella vix breviore, fere parallela ad basin valde spinosa, infra ad apicem paululum angulosa et intus et extus simplice et inermi; tarso minimo angusto, longe attenuato, supra pone basin bi-aculeato; bulbo simplice ovato, ad basin rotundato et convexo, ad apicem tuberculo minimo acuto atque stylo brevissimo incurvato instructo.

Sceik Osman près Aden.

Un seul individu.

Cette espèce est de forme ordinaire pour le genre *Thanatus*, elle est bien reconnaissable à sa patte-mâchoire très-étroite avec le tibia complètement dépourvu d'apophyses.

Fam. **Hersiliidae** (1).

Chalinuridae L. Koch.

23. **Hersilia caudata** Aud. in Sav.

Hersilia caudata var. *diversa* O. P. Camb., Procced. Z. S. Lond. 1876, p. 560, pl. LVIII, f. 6.

Un exemplaire provenant de l'Yemen méridional (Tes) est identiquement semblable au *H. caudata* de la basse Egypte, il offre le système de coloration attribué par le Rev. O. P. Cambridge à son *H. diversa*, c'est à dire que les lignes claires transverses de l'abdomen sont bien nettes et régulières. Nous possédons toùs les passages entre cette forme et celle où les lignes sont indistinctes et remplacées par des points irréguliers ce qui arrive surtout chez les grandes exemplaires.

Nous avons reçu du Caire le mâle de *H. caudata* qui n'a pas encore été décrit; il est presque de même taille que la femelle

(1) Voy. observ. N.° 2.

mais ses pattes sont plus longues, la patte-mâchoire est assez courte et robuste avec le fémur épais droit, sensiblement atténué à l'extremité et garni latéralement et en dessus de grandes épines, la patella sensiblement plus longue que large, un peu attenuée à la base, le tibia un peu plus long que la patella, plus large à l'extrémité, mais fortement attenué et déprimé près la base, ces deux articles pourvu de quelques longues épines, le tarse petit seulement un peu plus long que le tibia et aussi étroit, obtusement tronqué à la base, très attenué et un peu relevé à l'extrémité et pourvu à la pointe de quatre épines géminées unciformes; le bulbe petit n'occupant guère que les deux tiers basilaires du tarse, circulaire, formé d'une lame roulée en spirale et pourvu au milieu d'une apophyse aiguë, un peu courbe dirigée en arrière. L'habitat de *H. caudata* est très étendu; il habite en effet l'Egypte, l'Arabie méridionale et le Sénégal (coll. E. Simon) (1).

Fam. **Palpimanidae.**

Genus **PALPIMANUS** L. Duf.

Un très jeune individu qui ne me paraît pas différer de *Palpimanus gibbulus* L. Dufour, a été trouvé à Aden par MM. le M.is J. Doria et Beccari.

Le *Palpimanus gibbulus* L. Duf. se trouve également en Nubie et en Abyssinie (coll. E. Simon).

Fam. **Zodarionidae.**

Enyoidae auctores.

Genus **TRYGETUS** (2) nov. gen.

Palaestina O. P. Cambr. (ad part.).

Cephalothorace sat convexus, antice vix attenuatus, fronte latissima et obtusa, striga media nulla. Oculi sex approximati,

(1) Et probablement aussi Madagascar, *H. Vinsoni* Lucas est probablement synonyme de *caudata*.

(2) Nom. propr.

aream magnam transversam multo longiorem quam latiorem atque fronte vix angustiorem occupantes, mediis duobus magnis convexis et nigris, utrinque lateralibus duobus minimis aequis et obliquis. Clypeus area oculorum multo latior, verticalis, planus. Chelae clypeo parum longiores, antice planae attenuatae, ungue parvo. Partes oris sternumque ut in gen. *Zodario*. Pedes graciles sat longi 4, 1, 2, 3 haud aculeati. Abdomen (saltem in ♂) supra clypeo rigido obtectum. Mamillae brevissimae.

Le type de ce genre est le *Palaestina senoculata* Cambr. de Palestine (Gen. list. etc. p. 270). Le Rev. O. P. Cambridge laisse cette espèce dans le genre *Palaestina* tout en faisant observer qu'elle s'en éloigne par le nombre des yeux qui n'est que de six; elle en diffère de plus par la proportion des yeux, en effet l'un des principaux caractères du genre *Palaestina* est d'avoir les yeux presque égaux (eyes eight, not very unequal in size) tandis que chez les *Trygetus* les deux yeux médians sont considérablement plus gros que les latéraux.

24. **Trygetus nitidissimus** sp. nov.

♂. Long. 1 mill.

Cephalothorax fusco-rufescens, anguste nigro limbatus, sat valde et dense coriaceus. Sternum rufescens tenue coriaceum, paullo convexum. Abdomen ovato elongatum, postice paullo acuminatum, supra scuto nigerrimo, nitidissimo et glabro omnino obtectum, infra scuto rufescente tenuissime coriaceo mamillas attingente atque pilis albis parcissime ornato munitum. Mamillae testaceae. Pedes fulvo rufescentes, graciles et sat longi, pilis brevibus parce vestiti. Pedes maxillares fulvi ad apicem infuscati, tibia patella vix breviore extus apophysa nigra brevi, lata, ad apicem oblique truncata munita, tarso longe ovato, supra deplanato ad apicem acuminato, bulbo simplice ovato, postice breve conico producto.

Aden.

Trois individus mâles.

Fam. Eresidae.

25. **Stegodyphus molitor** C. Koch, Ar. XIII, p. 7, f. 1082, 1846.

Aden.

Individus de petite taille ne différant pas autrement des spécimens d'Egypte. Cette espèce se distingue surtout de *S. lineatus* Latr. par le groupe des yeux médians qui est plus court et plus large, les supérieurs étant plus écartés transversalement et moins éloignés des antérieurs.

Fam. Epeiridae.

26. **Argiope Lordii** O. P. Cambr., Proceed. Z. S. Lond., 1870, p. 820, pl. L, f. 1.

Commun à Aden.

Egalement repandu à Port-Saïd (coll. E. Simon), dans la Haute Egypte, en Nubie, en Abyssinie dans les Agaos (coll. E. Simon).

27. **Cyrtophora citricola** Forsk., Descr. anim., 1775, p. 86.

Epeira opuntiae auctores.

Cyrtophora opuntiae E Sim., Ar. Fr. 1, p. 34, pl. 1, f. 3.

Sceik Osman près Aden.

Individus de petite taille.

Espèce repandue dans les régions méditerranéennes et dans une grande partie de l'Afrique.

28. **Cyclosa propinqua** sp. nov.

♀. Long. 4 mill.

Cephalothorax fere niger, nitidus, elongatus, parte cephalica fere parallela convexa, striga semicirculata a parte thoracica distincta, parte thoracica oblonga, fovea media transversa notata. Oculi subaequales, series postica evidenter recurva. Oculi laterales bini contingentes a mediis longe remoti. 4 medii aream trapeziformem paullo latiorem quam longiorem occupantes, posticis fere contiguis, anticis paullo majoribus et a sese longe remotis. Sternum coriaceum et impressum, nigro opacum, ad marginem anticum vitta transversa testacea et ad margines laterales maculis binis notatum. Abdomen oblongum, antice rotundatum, postice sensim elevatum, ad apicem valde trituberculatum, tuberculo medio crassissimo et obtuso, lateralibus paullo minoribus conicis et divaricantibus, supra nigricans plus minus fulvo variegatum, vitta lata fulva albo-argenteo marginata versus medium valde bidilatata notatum, in lateribus obscure fulvum plus minus nigro striolatum et variegatum, subtus postice nigrum, antice obscure fulvum atque late bi-fusco maculatum. Pedes fulvo testacei, femoribus ad apicem latissime nigro annulatis et subtus versus medium anguste fusco notatis, patellis fuscis, tibiis metatarsisque annulis fuscis mediis et terminalibus notatis. Pedes maxillares femore patella tibiaque ad basin obscure fulvo olivaceis, tibia ad apicem tarsoque nigris. Vulva unco longissimo angustato et parallelo ad basin haud dilatato nec lanceolato instructa.

♂. Long. 3 mm.

Cephalothorax nigerrimus, pilis albis parce ornatus, parte cephalica vix convexa, antice valde attenuata subacuminata, parte thoracica late rotundata, striga cephalica obsoleta, fovea thoracica profunda et magna longitudinali et sulciformi antice sensim triangulariter dilatata. Tuberculum oculorum mediorum valde prominens et truncatum. Abdomen breve ovatum, postice rotundatum haud tuberculatum nec productum, nigerrimum, albo parce pubescens, utrinque maculis albo-argenteis 4 vel 5 minimis elongatis et sinuosis ornatum. Venter niger, punctis albis quatuor (utrinque binis subcontingentibus) notatus. Sternum nigrum concolor vel vitta media obscure testacea postice attenuata ornatum. Pedes nigri, metatarsis ad apicem tarsisque clarioribus et rufescentibus, longe spinosis; coxis haud tuberculatis, tibia II haud dilatata. Pedes maxillares obscure fusco rufescentes, breves, femore brevi, paululum arcuato, patella supra conica atque seta longissima et valida instructa, tibia brevi et obliqua extus ad apicem apophysa minima et obtusa armata, tarso magno, lacinioso et arcuato, bulbo maximo.

Sceik Osman.

Cette espèce est commune dans la localité; elle est très voisine de *C. insulana* Costa (= *trituberculata* Lucas) du midi de l'Europe; la femelle dont la faciès et entièrement semblable s'en distingue cependant par le crochet de l'épigyne étroit long et parallèle, tandis que chez *C. insulana* ce crochet est large à la base et de forme conique. Quant au mâle il diffère beaucoup plus, tandis que chez *insulana* il est presque semblable à la femelle par la coloration et la forme de l'abdomen, chez *propinqua* il est très dissemblable sous tous les rapports.

29. **Epeira nautica** L. Koch, Aegypt. Abyss. Arachn. 1875, p. 17, pl. II, f. 2.

Aden (J. Doria et Beccari).

Paraît commun.

30. **Epeira subacalypha** sp. nov.

♀. Long. 4.

Cephalothorax ovato elongatus, parte cephalica angusta et longa, nitidus, fulvo-olivaceus, pilis albidis longis parce vestitus, vitta media nigricanti in parte thoracica fere parallela, in parte cephalica antice sensim dilatata et bifurcata, oculos fere attingente atque in parte thoracica vitta marginali lata et integra notatus. Oculi medii trapezium longius quam latius et antice latius formantes, anticis posticis majoribus. Oculi antici approximati, mediis inter se magis quam a lateralibus disjunctis atque multo majoribus. Sternum nigrum, antice vitta fulva minima attenuata ornatum, utrinque valde impressum. Abdomen ovato elongatum, antice posticeque paullo attenuatum et rotundatum, supra albido opacum, utrinque punctis minimis nigris tribus inter se longe remotis atque postice vitta lata longitudinali fere parallela nigra notatum. Venter nigricans parce albo-punctatus, lineis albis abbreviatis longitudinaliter marginatus, postice pone mamillas utrinque punctis duobus ornatus. Chelae fulvae antice ad basin paullo infuscatae. Laminae maxillares fulvae in medio nigro maculatae. Pedes robusti parum longi, fulvo olivacei, femoribus tibiisque valde et grosse nigro punctatis, setis albidis longis et spinis gracilibus et longissimis fuscis instructae. Vulva tuberculo fusco magno transverso postice obtusissime et breve producto, supra in medio excavato et marginato notata.

♂. Long. 2, 6.

Pedes I et II latitudine fere aequa, tibia II haud dilatata nec curvata. Pedes maxillares breves et robusti, patella nodiformi altiore quam longiore, supra convexa atque seta nigra longissima instructa, bulbo crassissimo, infra denticulo minuto gracili subacuto et paullo hamato, ad apicem apophysa lamellosa brevi et lata intus rotundata extus angulosa instructo. Sternum nigrum haud maculatum.

Sceik Osman près Aden.

Commun.

Espèce voisine d'*E. acalypha* Wlk. d'Europe, par sa taille, sa coloration etc.; elle s'en distingue surtout par ses yeux antérieurs beaucoup plus resserrés et plus inégaux, ses pattes fortement ponctuées, l'avance de son épigyne plus large, chez le mâle par les pattes plus longues à épines au contraire plus courtes.

31. **Larinia flavescens** sp. nov.

♀ (jn.). Long. 6 mm.

Cephalothorax angustatus, elongatus, antice attenuatus, fulvo testaceus, linea media infuscata diluta oculos haud attingente supra notatus, pilis validis, albo-flavescentibus parce vestitus. Oculi medii trapezium longius quam latius, atque antice quam postice multo latius formantes, posticis anticis vix minoribus a sese vix disjunctis, intervallo oculorum anticorum diametro oculi fere duplo latiore. Abdomen elongatum, angustatum, fere parallelum, antice posticeque breve attenuatum et subacuminatum, supra albo-testaceum albo pubescens, linea media ramosa atque punctis minimis sex obscure fulvis ornatum, infra fusco-testaceum vitta media albida notatum. Chelae, sternum, pedesque fulvo-testacea. Pedes elongati, praesertim antici, albo pubescentes, spinis gracilibus et longis albis ad basin infuscatis armati, spinis patellarum, tibiarum et metatarsorum diametro articulorum evidenter longioribus.

Une seule jeune femelle provenant de Tes.

Cette espèce se distingue de *L. Chloreis* Sav., d'Egypte, par les yeux médians beaucoup moins inégaux, chez *Chloreis* en effet les postérieurs sont presque deux fois plus petits que les antérieurs, par les pattes plus longues et plus inégales; elle diffère de *L. longissima* E. Simon [1], de Zanzibar, par les yeux médians moins inégaux et formant un trapèze moins allongé, par la pubescence des pattes entièrement blanche etc.

Fam. **Pholcidae.**

32. **Pholcus borbonicus** Vinson, Ar. Réun. etc., p. 132, pl. III, f. 4, 1864. — L. Koch, Aeg. u. Ab. Ar. 1875, p. 25, pl. III, f. 1-3.

Sceik Osman.

Également répandu et en abondance dans toute l'Egypte et sur toute la côte occidentale d'Afrique, aussi à Madagascar et aux iles Mascaraignes.

Fam. **Drassidae.**

33. **Prosthesima inaurata** O. P. Cambr., Gen. List. of Spid. of Pal. etc., p. 246, pl. XVI, f. 26, 1872.

Tes.

Habite également la Syrie et la basse Egypte.

34. **Drassus coruscus** L. Koch, Aegypt. und Abyss. Arach. etc., p. 50, pl. V, f. 5, 1875.

Tes.

Habite également la province des Hamazen en Abyssinie (L. Koch).

(1) Bull. Soc. Zool. Fr., 1881

35. **Pythonissa plumalis** O. P. Cambr., l. c. p. 225, pl. XV, f. 3.

Sceik Osman.

Également répandu dans les régions méditerranéennes australes.

36. **Pythonissa bicalcarata** sp. nov. (Pl. VIII, fig. 7).

♂. Cephaloth. long. 3, lat. 2,5. Pedes 4, 1, 2, 3.

Cephalothorax obscure fuscus in medio paullo dilutior et rufescens, anguste et acute nigro marginatus, fronte angusta, striga brevi. Oculi antici approximati, lineam valde procurvam formantes, mediis paullo majoribus et inter se paullo magis quam a lateralibus separatis. Oculi postici lineam vix arcuatam formantes, mediis majoribus, paullo angulatis et inter se magis quam a lateralibus approximatis. Oculi laterales leviter prominentes. Sternum fusco-rufescens, parce punctatum. Abdomen ovatum, depressum, antice et postice parum attenuatum atque obtuse truncatum, supra nigricans pube breve sericata vestitum, infra fulvo-testaceum postice impunctatum. Pedes sat breves, obscure fusco-olivacei, femoribus ad basin tarsisque dilutioribus; metatarsis I et II tarsis evidenter robustioribus atque paullo longioribus, spinis validis duabus subtus ab basin armatis; patellis III et IV inermibus, tibiis III et IV spinis dorsalibus carentibus, spinis lateralibus et inferioribus munitis; scopulis parum distinctis pone ungues locatis; patella cum tibia IV cephalothorace longiore. Pedes maxillares fulvi ad apicem infuscati; femore robusto, compresso, fere parallelo; patella paullo convexa vix longiore quam latiore; tibia patella longitudine fere aequa, apophysis duabus extus armata: apophysa prima inferiori valde arcuata, apophysa secunda superiori, multo longiore, articulo plus duplo longiore, apicem tarsi fere attingente, valde attenuata ad apicem oblique truncata et carina arcuata antice denticulata versus medium supra instructa; tarso magno, ovato, obtuso, extus marginato et longe ciliato; bulbo stylo tenui et libero in medio munito.

Tes.

37. **Pythonissa spinigera** sp. nov. (Pl. VIII, fig. 8, 9).

♀. Cephaloth. long. 2, 6; abd. long. 4, 5. Pedes 4, 1, 2, 3.

♂. Cephaloth. long. 2, 4.

♀. Cephalothorax testaceo fulvo-olivaceus, pilis plumosis albo-flavescentibus nitidis obtectus, vittis fuscis duabus nigro breve pubescentibus arcuatis postice convergentibus supra ornatus, fronte lata. Oculi antici lineam valde procurvam formantes, approximati fere conferti, mediis majoribus rotundatis, lateralibus late ovatis. Oculi postici lineam vix arcuatam formantes, mediis paullo minoribus angulatis et inter se magis quam a lateralibus remotis. Sternum fulvo-olivaceum in medio pilis plumosis brevibus, lateralibus setis nigris vestitum. Abdomen ovale, postice paullo dilatatum, supra nigricans valde et irregulariter testaceo variatum, in medio maculis duabus magnis postice vittis transversis 3 vel 4 fulvis ornatum, subtus fulvo-testaceum. Pedes breves et robusti, fulvo-olivacei, abunde et longe nigro setulosi; tibia I spina unica tenui subtus extus pone basin armata; tibia II extus spinis duabus ad apicem spina unica subter instructa; metatarso I spina basilari unica, metatarso II spinis duabus munitis; patella III supra spinis numerosis (10 vel 12) validissimis, irregulariter dispositis, tibia III utrinque spinis validis (10 vel 12) fere inordinatis armatis; patella IV longissima inermi; tibia IV spinis dorsalibus nullis, spinis lateralibus 2-1 atque spinis inferioribus 3 armata; scopulis parum distinctis; patella cum tibia IV cephalothorace vix longiore. Pedes maxillares robusti, patella et tibia extus atque tarso spinosissimis. Plaga vulvae fusca punctata, fovea magna testacea, paullo longiore quam latiore, postice parum attenuata, antice tuberculo minimo conico medium foveae haud attingente in medio notata.

♂. Tibiae I et II spinis gracilibus 5 vel 6 subter instructae. Pedes maxillares femore compresso subtus setis tenuibus longissimis munito; patella paullo longiore quam latiore convexa; tibia patella breviore, extus apophysa magna articulo plus duplo longiore sat gracili et acuta antice directa atque infra leviter arcuata armata; tarso ovato, obtuso, ad basin sat convexo, supra valde spinoso; bulbo stylo spirali omnino marginato.

Très voisin de *P. spinosissima* E. Simon, principalement par l'armature complexe de la patella et du tibia de la 3.e paire, s'en distingue par ses yeux médians antérieurs plus gros que les latéraux, par ses patellas de la 4.e paire inermes et ses tibias de la 4.e paire sans épines dorsales; chez *P. spinosissima* la patella de la 4.e paire a deux séries de 4-3 fortes épines et le tibia de la 4.e paire une série de 2 épines dorsales.

38. **Pythonissa arenicolor** sp. nov. (Pl. VIII, fig. 10, 11).

♀. Cephaloth. long. 2,4; abd. long. 4,3. Pedes 4,1,2,3.

♂. Cephaloth. long. 2,2.

♀. Cephalothorax flavo-testaceus, pilis plumosis albo flavescentibus nitidis, setis nigris intermixtis vestitus, in parte cephalica lineis fuscis duabus, arcuatis atque postice convergentibus supra ornatus, fronte lata. Oculi antici lineam valde procurvam formantes valde approximati fere conferti, mediis evidenter majoribus, rotundatis, lateralibus ovalibus et obliquis. Oculi postici lineam fere rectam formantes, valde approximati, aequi, mediis valde angulatis subtriangulis inter se paullo magis quam a lateralibus remotis. Sternum testaceum, laeve, pilis simplicibus albis et nigris parce munitum. Abdomen ovale, postice paullo dilatatum et obtuse truncatum, fulvo testaceum, pilis simplicibus pilis plumosis intermixtis albo nitidis omnino obtectum, antice vitta longitudinali angustata, postice vittis transversis abbreviatis 3 vel 4 saepe in medio interruptis fuscis ornatum. Pedes breves et robusti, fulvo testacei abunde nigro setulosi; tibia I spina unica tenui subter extus pone basin armata; tibia II extus spinis duabus subter instructa; metatarso I spinis duabus ad basin, metatarso II spinis duabus ad basin atque spinis terminalibus duabus subter armata; patella III extus spinis validis 3 vel 4 intus spina unica, tibia III spinis longis et validis armatis, patella IV longa inermi; tibia IV spinis dorsalibus carente, sed spinis lateralibus et inferioribus armata; scopulis parum distinctis; patella cum tibia IV cephalothorax haud longiore. Pedes maxillares robusti, tibia ad apicem tarsoque spinis validis instructis. Plaga vulvae testacea postice margine fusco convexo et arcuato limitata, fovea magna antice rotundata, utrinque paullo angulosa postice longe attenuata antice tuberculo cylindrico et plicato medium foveae superante includente in medio notata.

♂. Tibiae I et II spinis gracilibus 5 vel 6 subter instructae. Pedes maxillares femore compresso, subter setis longis munito; patella evidenter longiore quam latiore convexa; tibia patella breviore, extus apophysa gracillima articulo evidenter longiore sed dimidium tarsi haud attingente, inflexa, recta sed ad apicem paullo hamata armata; tarso ovato, obtuso, sat convexo supra valde spinoso; bulbo conico, ad apicem stylo valido antice arcuato instructo.

Aden.

Voisin de *P. spinigera* il en diffère principalement par l'apophyse tibiale du mâle beaucoup plus grêle et plus courte et par la structure de l'épigyne chez la femelle.

39. **Pythonissa arcifera** sp. nov.

♀ (jun.). Cephaloth. long. 2, 6; abd. long. 4, 5.

Cephalothorax albotestaceus, pilis cinereis simplicibus et brevibus atque pilis plumosis albo nitidis vestitus, parte cephalica fusco marginata in medio fusco reticulata, fronte sat angustata. Oculi antici lineam valde procurvam formantes mediis lateralibus fere duplo majoribus a sese parum remotis sed a lateralibus haud disjunctis. Oculi postici lineam fere rectam formantes valde approximati fere conferti, mediis minoribus elongatis intus acuminatis et obliquis. Abdomen oblongo elongatum, antice truncatum, testaceum in medio sensim infuscatum, vitta longitudinali fusca vittis transversis arcuatis 4 vel 5 in parte secunda secata supra ornatum; subter albo-testaceum. Sternum albo-testaceum laeve, pilis cinereis et albis parce vestitum. Mamillae testaceae longissimae et cylindricae. Pedes sat longi et parum robusti, albo-testacei, patellis tibiisque utrinque paullo infuscatis; tibiis I et II spinis sex subtus armatis; patellis I, II, et IV inermibus, patella III extus spina minima armata; tibiis III et IV spinis dorsalibus 2 minimis atque spinis lateralibus et inferioribus longioribus armatis. Pedes maxillares albo-testacei.

Tes.

Un seul individu jeune dont l'épigyne n'est pas développée.

Cette espèce appartient au groupe de *P. Schaefferi* Savigny (= *Gnaphosa aethiopica* L. Koch, Aegypt. u. Abyss. Arachn. 1875, p. 44, pl. V, f, 1) qui a de nombreux réprésentants en Egypte et en Syrie.

Genus **ZIMIRIS** (1) nov. gen.

Cephalothorax ovatus antice valde attenuatus, parum convexus, fronte angusta, parte thoracica striga media longitudinali munita. Oculi octo, aream fere aeque longam ac latam et postice angustiorem fere ut in gen. *Zodario* occupantes, mediis anticis majoribus nigris reliquis albis depressis plus minus angulatis, anticis quatuor confertis linea recta dispositis, posticis ab oculis lateralibus anticis haud disjunctis, lineam intus arcuatam utrinque formantibus. Clypeus oculis anticis vix latior. Chelae robustae et convexae, attenuatae, sensim divaricatae, ungue longissimo fere cylindrico ad basin valde arcuato. Pars labialis parum longior quam latior fere parallela, ad apicem obtuse truncata. Laminae maxillares haud impressae, attenuatae, intus paullo arcuatae, extus ad apicem rotundatae. Mamillae inferiores ad basin longe disjunctae, longissimae, cylindratae, biarticulatae, articulo ultimo gracili acuminato fusulis longissimis omnino obtecto, reliquae mamillae breves subaequales. Pedes longi, graciles, 4, 1, 2, 3, I et II inermes, III et IV aculeati, tarsis metatarsis et tibiis ad apicem I, II et III scopulis subter munitis, IV scopulis nullis; tarsorum articulo ultimo sub unguibus fasciculis scopulorum divaricantis instructo, unguibus duobus gracillimis et longis inermibus haud denticulatis.

Ce genre est des plus singuliers car il joint aux filières disjointes de la première sous-famille des *Drassidae* (*Drassinae*) les lames-maxillaires sans impressions qui caractérisent la seconde (*Clubioninae*), il se distingue de tous les Drassides connus par

(1) Nom. geogr.

ses grandes filières inférieures pourvues d'un second article grêle et acuminé. Il se rapproche à certains égards du genre *Miltia* principalement par ses yeux disposés comme chez les *Enyo*, par ses griffes tarsales mutiques et très longues, enfin par ses chélicères épaisses mais à crochet très long grêle dès la base et très arqué, il s'en distingue cependant, indépendamment du caractère important des filières, par les pattes grêles et longues, les lames maxillaires non acuminées au sommet etc. etc. Il présente aussi certains rapports avec le genre *Megamyrmecion* Reuss, principalement dans la forme du céphalothorax et le placement des yeux, mais sous tous les autres rapports le genre *Megamyrmecion* se rattache à la sous-famille des *Drassinae* et est surtout voisin des *Drassus* du groupe *scutulatus* (²).

40. **Zimiris Doriae** sp. nov. (Pl. VIII, fig. 12, 13, 14, 15).

♀. (pulla). Long. 5 mm.

Cephalothorax laete fulvo-testaceus nitidus fere glaber. Oculi laterales antici et postici late ovati, medii postici elongati, obliqui atque postice convergentes. Abdomen parum convexum, antice obtuse truncatum, postice sensim dilatatum, cinereum, pilis sat longis albo sericatis omnino vestitum. Pedes longi et graciles fulvo testacei, pedes I et II inermes, III et IV aculeis gracilibus et longis parce armati: femoribus supra biaculeatis, tibiis metatarsisque subtus utrinque triaculeatis, metatarsis I, II et III scopulis sat crassis series duas dispositis subter munitis, metatarso IV scopulis nullis; patella cum tibia IV cephalothorace duplo longiore, femore I ad basin compresso et paullo dilatato, coxa trochanteroque IV reliquis longioribus.

Aden.

Une seule femelle jeune, dont l'épigyne n'est pas développée.

41. **Chiracanthium yemenense** sp. nov. (Pl. VIII, fig. 16).

♂. Long. 4, 5.

Cephalothorax sat convexus, elongatus, fronte lata, fulvo-

(²) Voy. Observation N.° 3.

testaceus, albo flavido pubescens, in parte cephalica linea media olivacea parum distincta notatus. Oculi antici approximati fere aequedistantes, mediis lateralibus fere duplo majoribus. Oculi laterales antici et postici valde approximati, antici paullo majores. Oculi medii trapezium fere aeque longum ac latum et antice paullo angustius formantes. Chelae fusco-olivaceae, cephalothorace breviores, verticales, attenuatae, ad basin haud angulatae. Abdomen fulvo-testaceum albo pubescens, maculis irregularibus albo-opacis ornatum. Sternum pedesque fulvo testacea; pedes elongati, parum robusti, femoribus cunctis aculeatis. Tibiis I et II intus aculeis tribus extus aculeis duobus armatis; metatarsis I et II pone basin bi-longe aculeatis, versus medium biaculeatis, ad apicem uni-breve aculeatis. Pedes maxillares testacei tarso fusco-rufescente, tibia patella haud duplo longiore, cylindrica longe setulosa, apophysa sat gracili compressa paullo arcuata ad apicem oblique truncata cum angulo superiori paullo producto, ad apicem extus armata, tarso tibia multo longiore, ovato sat angusto, extus versus medium obtuse breve angulato, apophysa basilari gracili fere recta, tibia plus duplo breviore, ad apicem oblique truncata acutissima, supra tenue carinata atque subtilissime denticulata.

Tes.

Un seul mâle trouvé par M.r R. Manzoni.

Assez voisin de *C. striolatum* E. S. du midi de l'Europe, principalement par la proportion de ses apophyses tibiale et tarsale, il s'en distingue par ses yeux antérieurs resserrés équidistants, ses pattes plus courtes et plus épineuses, le tarse de la patte-mâchoire anguleux vers le milieu du bord externe mais non largement rebordé.

Fam. **Urocteidae.**

42. **Uroctea limbata** C. Koch, Ar., t. X, p. 89, f. 816 (sub *Clotho*).

Var. *concolor*.

Abdomine supra toto nigro subtus dilutiore; pedibus nigris ad apicem pallidioribus et rufescentibus, femore I infra testaceo.

Cette espèce diffère de *U. Durandi* par le groupe oculaire beaucoup plus transverse, les yeux médians de la seconde ligne beaucoup plus petits que les latéraux et tous plus séparés; chez *Durandi* les yeux médians de la seconde ligne et les latéraux des deux lignes sont presque égaux; chez la femelle le tarse de la patte-mâchoire est plus epais et presque cylindrique, tandis que chez *Durandi* il est fortement acuminé.

Cette espèce est repandue depuis le Sénégal, jusqu'en Arabie, elle paraît surtout commune en Egypte; chez le type l'abdomen est orné en dessus d'une large bordure jaune mat, la variété concolore ne diffère du type que par l'absence de cette bordure. Cette variété est analogue à celle de l'*U. Durandi* connue sous le nom d'*U. Goudoti* et ne différant du type que par l'absence des taches.

Fam. Scytodidae.

43. **Scytodes delicatula** E. Simon, Aran. Nouv. etc., 2.e mém., 1873.

Aden.

Espèce repandue dans toutes les régions méditerranéennes, jusqu'en Espagne et même dans le midi de la France.

44. **Scytodes univittata** sp. nov.

♀. Long. 10 mm.

Cephalothorax longior quam latior, postice altus et rotundatus, antice longe declivis et attenuatus, subtilissime coriaceus, pilis et granulis minutis irregulariter sparsus, flavo-testaceus utrinque versus marginem maculis magnis fuscis denticulatis et irregularibus, in medio vitta lata integra nigerrima utrinque breve bidenticulata, et pone oculos anguste flavo variegata supra ornatus. Clypeus recte truncatus in angulis convexus et prominens sed sub oculos laterales evidenter depressus et constrictus, niger, altus, diametro oculorum anticorum plus duplo altior. Oculi in triangulum parum latiorem quam longiorem dispositi bini contingentes et late separati. Chelae flavae nitidae ad basin extus nigro-maculatae. Sternum ovatum planum, fulvum concolor. Abdomen fere globosum albo-cinereum, maculis nigris in medio series duas transversas, postice series duas longitudinales formantibus supra ornatum; infra pone rugam genitalem plagis duabus longe transverse remotis rufulis et valde punctatis notatum. Pedes longi et graciles, flavi haud lineati nec punctati, patellis nigerrimis, tibiis ad apicem nigro annulatis. Pedes 2.i paris evidenter longiores quam pedes 3.ii paris. Pedes maxillares breves et robusti, flavi, femore patella tibiaque nigro maculatis, tibia patella parum longiore parallela, tarso tibia longiore, angustiore ad apicem valde acuminato.

Cette belle espèce dont une seule femelle a été trouvée à Tes par M. R. Manzoni habite également l'Inde, j'en possède un individu de Ramnad (Hindoustan méridional); le système de coloration du céphalothorax et des pattes est caractéristique et ne permet de confondre *S. univittata* avec aucune autre espèce.

Fam. **Filistatidae.**

45. **Filistata testacea** Latr. 1810.

Filistata bicolor Latr. 1810., Walck. et auctores.

Filistata puta O. P. Cambr., Proceed. Z. S. Lond. 1876, p. 544.

Un seul individu trouvé à Sceik Osman, ne différant en rien du type européen. Le *F. testacea* a un habitat très étendu car il se trouve communément dans presque toutes les régions méditerranéennes et habite également les îles Océaniques: Canaries et Açores et le Sénégal. L'absence de bordure au céphalothorax qui distingue le *F. puta* O. P. Cambr., n'est pas un caractère constant.

Fam. **Avicularidae.**

Genus **ISCHNOCOLUS** Auss.

Quelques jeunes individus appartenant à ce genre ont été rapportés de l'Yemen méridional par M. R. Manzoni; ils sont en trop mauvais état et leurs caractères ne sont pas assez développés pour qu'il soit possible d'en donner une description.

Ordo SCORPIONES.

Fam. **Buthidae.**

46. **Buthus liosoma** Hempr. et Ehr.

? *Scorpius Australis* Herbst, Ungef. Ins., 4, p. 48, pl. IV, f. 1 1789 (nec L).

Androctonus (*Prionurus*) *liosoma* Hempr. et Ehr., Symb. phys. sp. 5, pl. II, f. 6.

Prionurus villosus Peters, Monat. d. k. Preuss. Akad. Wiss., Berl. 1862, p. 26.

Buthus craturus Thorell, Ann. Mag. Nat. Hist. 1876, p. 7.

Buthus villosus id. Et. Scorpiol., 1877, p. 29.

Aden, Tes.

C'est l'espèce dominante à Aden; Hemprich et Ehrenberg l'ont décrite de Gumfuda (Arabie déserte) elle a été observée depuis sur la côte occidentale d'Afrique.

47. **Buthus dimidiatus** sp. nov. (Pl. VIII, fig. 17).

Long. trunci 24, caudae 25.

Truncus supra nigro-olivaceus cum abdominis segmento ultimo dilutiore, caudae segmenta I, II et III flava, segmentum VI utrinque infuscatum, segmentum V vesicaque nigro olivacea, pedes maxillares pedesque flavo testacei. Cephalothorax segmenta caudae 1.° + $^2/_3$ 2.° conjunctim fere aequa longitudine, costis anticis parum distinctis inter oculos fere laevibus, antice valde divaricatis et granulosis, intervallo costarum fere laevi atque valde excavato, costis posticis integris, sinuosis a sese haud longe remotis postice sensim divaricatis, intervallo costarum longitudinaliter et transverse depresso atque tenue granuloso, partibus lateralibus granulis grossis rotundatis irregulariter sat dense omnino obtectis. Segmenta abdominalia I-VI lateribus et ad marginem posticum valde granulosa, supra costis tribus validis fere laevibus ornata, segmentum VII costa media lata et convexa irregulariter granulosa dimidium segmentis superante, costis lateralibus integris dense et regulariter crenulatis. Segmenta abdominis ventralia nitida, I-VI omnino laevia, V costis quatuor parallelis, lateralibus abbreviatis, subtile crenulatis notatum. Cauda sat robusta, parum longa, fere parallela, supra canaliculata, segmentis I et II utrinque quinque, segmentis III et IV utrinque quadricostatis, costis superioribus et supero-lateralibus sat valde crenulato-granulosis, costis inferioribus in segmentis anterioribus fere laevibus in posticis tenue crenulatis; segmento V supra vix canaliculato haud carinato, angulis superioribus valde granulosis, infra costis tribus integris regulariter et obtuse crenulatis cum intervallis costarum parce granulosis. Vesica subter valde et grosse tuberculata. Pedes-maxillares sat graciles, fere laeves, costis femoris granulis parvis aequis compositis, tibia intus costa debili tenue granulosa, et supra et extus costis obsoletissimis et laevibus notata, manu minima tibia multo breviori et haud crassiore, laevi haud costata nec granulosa, digitis gracilibus manu duplo longioribus. Pedes sat graciles, femoribus et tibiis angulatis, femoribus carinis tenue granulosis. Dentes pectinis 35.

Tes.

Espèce du groupe de *B. europaeus*, très distincte principalement par le céphalothorax très granuleux latéralement, les carènes inférieures caudales finement et régulièrement denticulées même sur le 5.e segment, enfin par la vesicule fortement tuberculeuse en dessous.

48. **Buthus acutecarinatus** sp. nov. (Pl. VIII, fig. 18).

Long. trunci 16, 5, caudae 20.

Obscure fulvus, costis plus minus infuscatis. Cephalothorax segmentis caudae 1.° + $^1/_2$ 2.° conjunctim paullo longior, antice valde attenuatus, irregulariter et sat dense rugosus, atque costis elevatis vix granulosis supra ornatus, costis anticis integris, antice parum divaricatis marginem anticum attingentibus, costis intermediis nullis, costis posticis longis et integris inter se parum remotis postice sensim divaricatis. Segmenta abdominalia I-VI costis tribus validis fere laevibus, sed postice marginem segmentorum paullo superantibus et acute productis, segmento VII costa media dimidium segmentis vix attingente, costis lateralibus integris sinuosis atque postice convergentibus, intervallis costarum dense granuloso-rugosis. Segmenta abdominalia subter tenuissime coriacea, I-IV leviter impressa, IV costis debilibus quatuor subtile denticulatis ornatum. Cauda sat longa, parum robusta, subparallela, coriacea et parce granulosa, segmentis I-IV supra canaliculatis, I et II utrinque quinque, reliquis quadricostis, costis regulariter et tenue denticulatis, segmento V postice sensim attenuato, supra fere plano, infra carinis tribus regulariter denticulatis munito; vesica oblonga minima, subter irregulariter et parcissime granulosa, aculeo sat longo et gracili. Pedes-maxillares sat graciles, subtile rugoso- coriacei, femore supra costis duabus tenue granulosis, tibia femore crassiore, costis superioribus et lateralibus quatuor integris aequaliter tenue granulosis, manu minima, tibia multo breviore et haud latiore, supra costis tribus tenue granulosis et obsoletissimis notata, digitis gracilibus manu plus duplo longioribus. Pedes femoribus evidenter granulosis, femoribus tibiisque angulatis atque costis integris tenue granulosis ornatis. Dent. pect. 25.

Tes.

Assez voisin de *B. leptochelys* Ehr., mais bien distinct par la disposition des carènes du céphalothorax, les intermediaires manquant, les postérieures assez rapprochées et commençant immédiatement après le mamelon oculaire, pas ses carènes abdominales presque lisses et depassant le bord postérieur des segments sous forme de pointes aiguës, enfin par le cinquième segment caudal à carènes inférieures formées de petites granulations égales.

49. **Buthus Beccarii** sp. nov. (Pl. VIII, fig. 19).

Long. trunci 21, 5, caudae 35, 2.

Fulvo-flavescens, costis plus minus obscure-brunneis. Cephalothorax segmento caudae 1.° vix $^1/_4$ longior, costis validis granulis grossis rotundatis et fere aequis compositis supra ornatus, costis anticis integris antice divaricatis et arcuatis, marginem anticum attingentibus, costis intermediis abbreviatis primo obliquis dein rectis, costis lateralibus postice rectis atque a sese longe remotis, margine antico cephalothoracis valde granuloso, intervallis costarum dorsualium parcissime granulosis fere laevibus, postice spatio inter costas laterales et marginem costa granulosa validissima et obliqua notato. Segmenta abdominalia I et II quinque costata, costis lateralibus obliquis, reliqua segmenta tricostata, segmenta, praesertim anticis, extus atque ad marginem posticum granulis grossis et inaequis irregulariter sparsis. Segmenta abdominalia subter subtilissime rugosa, costis debilibus quatuor leviter denticulatis notata. Cauda longa, parum robusta, subparallela, fere laevis, supra canaliculata, segmentis 1-4 utrinque costis quatuor tenue obtuse et regulariter granulosis notatis, segmentis I et II inter costas ordinarias 1 et 2 costa obsoleta munitis, segmento V fere parallelo, supra fere plano, vix canaliculato, carinis superioribus nullis, inferioribus denticulis minimis obtusis versus apicem sensim majoribus et inaequis compositis; subter segmento V costa media fere integra atque in intervallis granulis paucis costa intermedia parum distincta dispositis notato; vesica laevi nitidissima, aculeo sat longo et gracili. Pedes-maxillares sat graciles, femore supra costis duabus valde dense et regulariter granulosis notato, tibia intus costa granulosa supra et extus costis tribus laevibus obsoletis munita, manu minima tibia multo breviore atque paullo angustiore, laevi, obsoletissime costata, digitis gracilibus manu plus dimidio longioribus. Pedes graciles, postici longissimi, femoribus compressis et angulatis costis valde granulosis subter subdenticulatis munitis. Dent. pect. 34.

Moka (J. Doria et Beccari, 24 Janvier 1880).

Cette espèce est très voisine de *B. quinquestriatus*, principalement par la forme générale et le nombre des carènes dorsales, elle s'en distingue surtout par ses teguments beaucoup plus granuleux principalement à la marge antérieure du céphalothorax et sur les côtés des segments abdominaux, par les carènes antérieures du céphalothorax moins divergentes et atteignant la marge antérieure, par ses carènes postérieures plus écartées transversalement, enfin par l'espace compris entre cette carène et la marge plus étroit et fortement granuleux.

Genus **BUTHEOLUS** gen. nov.

Cephalothorax postice latus, in medio convexus, antice attenuatus, declivis et obtusus, carinis anticis nullis, posticis nullis vel vix distinctis, intervallo oculorum mediorum plano vel vix sulcato haud carinato. Chelae margine inferiore digiti immobilis et digiti mobilis dente singulo instructo. Dentes laterales digitorum pedum-maxillarium et intus et extus seriem simplicem ordinati. Cauda crassissima, versus apicem valde dilatata, supra segmento ultimo late et ovate depresso sed ad marginem haud carinato nec cristato, subter segmentis I-III vel I-IV carinis quatuor notatis, segmento V haud carinato vel carina media debili instructo. Pedes tarsis articulo penultimo ad apicem bi-vel tricalcarato, articulo antepenultimo in paribus I et II inermi, in par. III et IV ad apicem unicalcarato.

Nous proposons ce genre pour un petit groupe d'espèces offrant au premier abord une grande ressemblance avec les *Buthus prionurus*, mais en différant essentiellement par la présence d'une seule dent à la marge inférieure des doigts mobile et fixe des chélicères, par ce caractère de même que par la disposition des dents aux doigts des pattes-mâchoires il se rapproche des *Isometrus* et particulièrement des *Phassus*, mais il s'en distingue tout de suite par le céphalothorax convexe. La queue très élargie en arrière comme chez les *Phassus* est en même temps déprimée avec les bords supérieurs du 5.e segment ni carenés ni crénelés. Il diffère encore des *Isometrus* et des *Phassus* par un caractère qui lui est commun avec les *Buthus* et qui n'a pas été signalé jusqu'ici, c'est la présence d'un éperon à l'extremité du premier article du tarse aux paires III et IV, cet éperon manque chez les *Isometrus*.

50. **Butheolus thalassinus** sp. nov. (Pl. VIII, fig. 20).
Long. trunci 9, 5, caudae 12, 5.

Truncus caudaque nigro-virescentes, pedes-maxillares pedesque obscure fulvi plus minus fusco reticulati. Cephalothorax crassus convexus, antice attenuatus, declivis et obtusus, omnino crasse et dense granulosus, carinis anticis nullis, intervallo oculorum mediorum fere plano granuloso, carinis posticis parum distinctis postice divaricatis, intervallo carinarum depresso, vittis transversis tribus glabris haud tuberculatis notato, oculis lateralibus minimis. Segmenta abdominalia crasse et dense granulosa, carinis tribus notata, segmentum VII carina media indistincta carinis lateralibus integris et validis. Segmenta ventralia subtile rugosa, ad marginem posticum dentium obtusorum serie transversa ornata, segmentum V valde granulosum costis crenulatis quatuor ornatum. Cauda crassissima, versus apicem sensim dilatata supra segmentis I-V valde excavatis sed ad marginem haud crenulatis, lateribus et infra valde et dense granulosis, costis ordinariis minimis lateralibus plus minus obsoletis, segmento V paullo depresso, supra late canaliculato nec carinato, lateribus et infra valde granuloso, infra carina media vix distincta atque carinis marginalibus granulis minimis et fere aequis compositis notato; vesica minima segmento V multo angustior subtus valde reticulato-granulosa, versus apicem sub aculeo parum angulosa. Coxae, sternum et lobi-maxillares valde granulosa. Pedes maxillares parum robusti, femore supra sensim granuloso atque carinis granulosis limitato, tibia coriacea, carinis quatuor validis laevibus et nitidis ornata, manu angustata tibia angustiore, versus apicem attenuata, laevi obsolete costata, digitis manu parum longioribus. Pedes femoribus granulosis, tibiis costatis. Pect. dent. 10 vel 20.

Aden (1).

Fam. **Heterometridae.**

51. **Nebo flavipes** sp. nov.

Long. 74, 5 : truncus 30 ; cauda 44, 5.

Corpus supra obscure fusco-cyaneum, subtus obscure fulvo-ru-

(1) Voy. observ. N.° 4.

fescens, pedes-maxillares rufo brunnei cum costis valde infuscatis, pedes flavi. Cephalothorax antice lobis frontalibus rotundatis, medio profunde emarginatus, supra deplanatus, sat dense et crasse granulosus, stria media integra postice, pone marginem posticum, transverse dilatata atque foveam subtriangularem formante, tuberculo oculorum ante medium cephalothoracis sito, humili, ovate elongato, longitudinaliter profunde sulcato, oculis lateralibus lineam arcuatam ordinatis I et II magnis aequis, III minore. Segmenta abdominalia I-VI subtiliter et parcissime rugosa, segmentum VII dense rugosum cum granulis majoribus costas quatuor formantibus in parte secunda notatum. Cauda corpore longior, segmentis I-IV carinis decem, superioribus obtuse et regulariter granulosis, inferioribus fere laevibus (saltem in seg. I et II), segmento V carinis septem valde granulosis munito; vesica oblonga, segmento V breviori, supra plana et fere laevi, utrinque convexa et granulosa, subtus costis granulosis duabus notata; aculeo vesica multo breviori, ad basin tuberculo minimo rotundato et pilifero notato. Pedes maxillares robusti, femore duplo longiore quam latiore, fere parallelo, supra plano et valde granuloso infra in parte secunda fere laevi, in parte prima tenue granuloso; tibia femore longitudine aequa, intus costa valde et obtuse tuberculata, extus et subtus obtusissime costata fere laevi, supra obsolete reticulato-granulosa; manu tibia longiore, supra fere plana atque subtiliter reticulato-rugosa, intus late rotundata, valde tuberculata et reticulata, extus acute carinata; digitis robustis sat longis, digito mobili manu subtus evidenter longiore. Pectina elongata, dentibus 15 vel 18 munita.

Tes (R. Manzoni).

Diffère surtout de *N. hierichonticus* E. Simon, par le céphalothorax plus deprimé et fortement granuleux, par la partie caudiforme plus large et à carènes supérieures fortement granulifères même sur les premiers segments. Habite également la Syrie où il a été trouvé à Marsaba par M. A. Letourneux.

APPENDICE

NOTES ET OBSERVATIONS

I.

Le genre *Biton* a été créé par le Docteur Karsch (in Archiv. f. Naturg. XLVI, p. 234), postérieurement à la publication de notre Révision des Galéodides, pour une espèce d'Egypte différant des *Gluvia* C. Koch par les tarses de la 4.e paire formés de quatre articles, tandis que chez les *Gluvia* ces mêmes tarses sont uniarticulés. Les *Biton* diffèrent des *Cleobis,* des *Blossia* etc. indépendamment de leurs tarses, par la forme de la partie céphalique qui est à peine arquée en avant, nullement conique. L'espèce que nous avons décrite sous le nom de *Gluvia furcillata* (Ann. Soc. Ent. Fr., 1872, p. 264 et 1879, p. 129) rentre partiellement dans le genre *Biton,* la femelle en effet est synonyme de *B. Ehrenbergi* Karsh, tandis que le mâle que nous lui rapportions par erreur est tout différent et doit devenir le type d'un genre nouveau.

Depuis la publication de notre Révision, nous avons reçu le véritable mâle de *B. Ehrenbergi,* inconnu au Docteur Karsch, et deux autres espèces du même genre.

Les caractères sexuels des mâles dans le genre *Biton* rappellent ceux du genre *Datames* E. S. (*Gluvia* Karsch), le crochet supérieur des chélicères est inerme dans toute sa partie terminale, droit ou peu arqué, il est pourvu d'un flagellum assez simple inseré à son coté interne.

Nous donnons les caractères des espèces qui nous sont connues:

1. **Biton Ehrenbergi** Karsch l. c. p. 234.
Gluvia furcillata E. Simon (ad partem ♀ non ♂).
♂. Long. 13 mm.

Chelarum digitus fixus evidenter arcuatus, valde compressus, inermis, supra obtuse carinatus, infra dilatatus profunde excavatus et acute marginatus. Flagellum lamellosum, pellucens, magnum, intus affixum, ad basin fere circulare antice directum et valde attenuatum. Chelae margo superior, ultra digitum, dentibus tribus, medio reliquis minore instructus. Pars cephalica sat longa haud infuscata. Pedes maxillares haud infuscati, tarso parallelo, metatarso subtus spinis albis validis et obtusis 5-3 armato. Tarsus IV articulo primo reliquis non multo longiori.

Arabie : Tor (Karsch), Nubie (Karsch), Mokattam près le Caire (coll. E. Simon), Ile de Chypre (coll. E. Simon).

2. **Biton lividus** sp. nov.

♂. Long. 14, 5.

Chelarum digitus fixus rectus, valde compressus cultriformis, supra acute carinatus, infra inermis vel pone basin minutissime unidentatus, infra acutus haud dilatatus nec excavatus. Flagellum lamellosum, intus pone basin digiti affixum, postice directum, fere rectum vix sinuosum, sensim attenuatum, dimidium chelae multo superans. Chelae margo superior, ultra digitum, dentibus tribus 1.° et 2.° longis et aequis instructus. Pars cephalica sat brevis, valde infuscata, in medio longitudinaliter clarior. Pedes maxillares femore ad apicem, tibia, metatarso tarsoque infuscato lividis, tarso ad apicem parum dilatato, metatarso in parte secunda subtus spinis albis brevibus validis et obtusis 3-3 armato. Pedes IV femore tibiaque infuscato lividis, tarso articulo primo reliquis multo longiori.

Assuan.

De notre collection, recueilli par M. A. Letourneux.

Comme on peut le voir les deux mâles connus du genre *Biton* ont le métatarse de la patte-mâchoire pourvu en dessous de fortes épines qui manquent chez les femelles, il paraît en résulter que le genre *Daesia* Karsch, l. c., p. 234 (dont l'auteur ne connait que le mâle, tandis qu'il ne connait que la femelle du genre *Biton*) est synonyme de *Biton*, car dans sa trop laconique diagnose le D.r Karsch ne donne absolument que le caractère des épines métatarsales pour distinguer les *Daesia* des *Biton* (1).

Nous profitons de l'occasion pour donner la diagnose d'un nouveau genre de Galeodidae.

1. Genus **ZOMBIS** (2) nov. gen.

Cephalothorax antice subrectus. Tuber oculorum magnum, parum altum, postice obtuse sulcatum, antice setis binis vix bulbosis munitum. Pedes maxillares metatarso subtus regulariter breve spinoso, tarso ad basin attenuato. Pedes sat breves. Femur IV gracile, compressum haud dilatatum. Tarsus I unguibus carens. Tarsus III triarticulatus, articulo secundo primo multo minore. Tarsus IV triarticulatus, articulo primo longo, duobus ultimis brevioribus et fere aequa longitudine. Ungues glabri graciles et longi praesertim postici. Spiraculorum pectina nulla. Laminae coxales utrinque 3 : 2 approximatae supra coxa affixae, ultima ad apicem trochanteri affixa.

Ce genre remarquable se distingue de tous les Galéodides par le nombre de ses lamelles coxales qui n'est que de trois au lieu de cinq, la première lamelle du trochanter et celle du trochantin font également défaut. Par le nombre et la proportion des articles tarsaux il se rapproche du genre *Zerbina* Karsch, mais s'en distingue encore par la longueur des griffes et la structure du mamelon oculaire.

3. **Zombis pusiola** sp. nov.

♀. Long. 9 mm.

Pars cephalica chelaeque obscure fulvo-rufescentes plus minus infuscatae et fulvo punctatae. Tuber oculorum nigrum. Abdomen supra obscure cinereo-fuscum, albo flavoque longissime pi-

(1) Voici tout ce que dit le D.r Karsch du genre *Daesia* :
Tarsus II et III = 2, IV = 4. articulatus; metatarsus pedum-maxillarium subtus spinosus (saltem in ♂).
Spec. typ.: *D. praecox* (C. L. Koch) ♂.

(2) Nom. geogr.

losum, vitta media integra nigra fere glabra ornatum, subter testaceum. Pedes maxillares pedesque fulvi, metatarso tarsoque pedum maxillarium infuscatis. Chelae digitus fixus dentibus quinque instructus, dentibus 2.° et 4.° reliquis multo minoribus.

Jaffa (coll. E. Simon).

II.

Le genre *Chalinura* Dalman et le genre *Hersilia* Sav. et Aud., sont, comme l'a le premier fait observer le D.r Fickert, entièrement synonymes, ces deux noms sont contemporains et il est difficile de décider lequel des deux a réellement la priorité; nous pensons cependant que la préférence doit rester à *Hersilia*, l'ouvrage d'Audouin « Explication sommaire des planches d'insectes de l'ouvrage de la Commission d'Egypte » est daté de 1825 à 1827 et est par conséquent postérieur à la publication des belles planches de Savigny où tous les caractères des *Hersilia* sont représentés de main de maitre. Le genre *Chalinura* n'est paru qu'en 1826 (Vet. Akad. Handl. 1825); l'animal décrit par Dalman était contenu dans du copal provenant d'Afrique. Le genre *Chalinura* est donc synonyme d'*Hersilia*, nous n'avons pu consulter le mémoire de Dalman, mais tout nous porte à croire qu'il repond au groupe typique des *Hersilia* plutot qu'aux types secondaires que nous proposons d'en détacher, son origine africaine, patrie des *Hersilia* typiques, semble l'indiquer.

La famille des *Hersiliidae* est moins uniforme que ne pourrait le faire croire les descriptions des auteurs. L'*Hersilia oraniensis* Lucas, a été avec juste raison séparé génériquement par M.r T. Thorell et par nous-même. Les espèces australiennes décrites par le D.r L. Koch sous le nom de *Chalinura* manquent du caractère le plus essentiel de ce genre c'est à dire de la division du tarse en deux articles; cette même particularité s'observe chez *H. Edwardsi* Lucas, mais avec d'autres caractères spéciaux qui empèchent de la rapprocher des espèces australiennes. Enfin quelques espèces propres à l'Asie méridionale offrent les tarses et les filières des vrais *Hersilia* mais s'en eloignent par la forme de l'éminence céphalique, celle du bandeau et même par la disposition oculaire.

Nous proposons la répartition générique suivante pour la famille des *Hersiliidae*.

1. Genus **HERSILIA** Sav. 1825-27.

Chalinura Dalman 1826.

Pedes I, II et IV tarsis biarticulatis, articulo secundo primo breviori. Pedes III reliquis multo breviores. Mamillae superiores articulo secundo longissimo valde attenuato et paullo arcuato. Quadrangulus oculorum mediorum fere parallelus. Frons inter oculos medios et laterales superiores plana, haud convexa nec tuberculata. Clypeus altissimus valde convexus et prominens.

Sp. typ. *H. caudata* Sav. (1).

2. Genus **MURRICIA** gen. nov. (2).

Hersilia, Auct.

Pedes mamillaeque Hersiliarum. Quadrangulus oculorum mediorum antice quam postice multo latior. Frons inter oculos medios et laterales superiores valde convexa et tuberculata. Clypeus sat altus planus fere verticalis.

Sp. typ. *M. indica* Luc.

3. Genus **RHADINE** gen. nov. (3).

Chalinura L. Koch.

Pedes omnes tarsis uniarticulatis. Pedes III reliquis multo breviores. Mamillae superiores articulo secundo longissimo valde attenuato et paullo arcuato. Oculi medii fere aequi quadrangulum

(1) Appartiennent aussi à ce genre *H. Vinsoni* Lucas de Madagascar, *H. Hildebrandti* Karsch et probablement *H. celebensis* Thorell (= *indica* Doleschall non Lucas); il nous est impossible de nous prononcer pour l'*H. calcuttensis* Stoliscka.

(2) Nom. prop.

(3) ῥαδινὸς gracilis.

fere parallelum formantes. Frons inter oculos medios et laterales plana. Clypeus humilis, planus, quadrangulo oculorum mediorum multo angustior. Chelae clypeo longiores.

Sp. typ. *R. Novae-Hollandiae* L. Koch, *Fickerti* L. Koch.

4. Genus **TAMA** gen. nov. (1).

Hersilia Luc. (ad part.).

Pedes omnes tarsis uniarticulatis. Pedes III reliquis multo breviores. Mamillae superiores articulo secundo longissimo valde attenuato et paullo arcuato (2). Oculi medii antici posticis multo majores. Oculi medii trapezium antice quam postici multo latius formantes. Clypeus altus parum convexus quadrangulo oculorum mediorum vix angustior. Chelae clypeo haud longiores.

Sp. typ. *T. Edwardsi* Lucas.

5. Gen. **HERSILIOLA** Thorell.

Hersilidia E. Simon.

Tarsi pedum uniarticulati. Pedes omnes subsimiles. Mamillae superiores articulo secundo primo vix longiori. Oculi approximati.

Sp. typ. *H. macullulata* L. Dufour (= *oraniensis* Lucas).

III.

Le genre *Megamyrmecion* n'ayant pas été revu depuis Reuss, nous pensons utile d'en donner une description en même temps que la diagnose d'une espèce qui nous a été rapportée d'Assouan par M.r A. Letourneux.

(1) Nom. geograph.

(2) Dans aucun cas le second article n'est divisé, c'est donc par erreur qu'il a été figuré avec une articulation médiane par plusieurs auteurs particulièrement par M. H. Lucas, chez *H. Edwardsi*, ce second article est très fragile et présente fréquemment vers le milieu une cassure qui a été sans doute été prise pour une articulation.

Genus **MEGAMYRMECION** Reuss.

Zool. Miscell. Ar., p. 217, pl. XVIII, f. 12.

Dyction Walck., Apt. I, p. 380.

Cephalothorax ovatus, antice valde attenuatus, fronte angusta, striga media munitus. Oculi octo series duas formantes, series antica procurva oculis fere confertis mediis majoribus, series secunda validissime procurva, oculis mediis elongato-angulatis a sese magis quam a lateralibus approximatis. Clypeus oculis anticis latior. Chelae sat robustae, parallelae, ungue valido. Pars labialis multo longior quam latior, parum attenuata ad apicem obtusa. Laminae maxillares oblique impressae, latae, fere parallelae ad apicem rotundatae. Mamillae inferiores ad basin fere sejuncti, longissimae, cylindricae, uniarticulatae, ad apicem fusulis validis et sat longis munitae. Mamillae superiores longae et cylindricae sed inferioribus evidenter breviores et graciliores. Pedes robusti, parum longi, 4, 1, 2, 3 (?), omnes valde aculeati, tarsis metatarsisque anticis crasse scopulatis, unguibus tarsorum regulariter pectinatis.

Megamyrmecion holosericeum sp. nov. (Pl. VIII, fig. 21, 22).

♀. long. 10, 5.

Cephalothorax rufo-castaneus, nitidus, pube albo-sericea abunde vestitus. Abdomen cinereum dense et longe albo sericeo fere argenteo pubescens. Pedes robusti obscure fulvo-rufescentes, nigro aculeati, femoribus aculeorum seriebus tribus supra armatis, patellis I et II inermibus, III et IV utrinque uniaculeatis, tibia I subtus aculeis binis intus armata, tibiis metatarsisque posticis aculeis dorsualibus, lateralibus atque inferioribus valde armatis; patella cum tibia IV cephalothorace longiore. Vulvae fovea profunda semicircularis margine crasso striato atque postice acuto antice limitata.

Haute Egypte: Assouan (coll. E. Simon), une femelle trouvée par M.r A. Letourneux.

Cette espèce me paraît différer de *M. caudatum* Reuss, par sa taille beaucoup plus grande et ses pattes plus longues; elle offre le faciès du *Drassus scutulatus* d'Europe.

Ce genre diffère principalement des *Drassus* par la disposition des yeux, les postérieurs dessinant une ligne très fortement courbée en arrière et par l'excessive longueur des filières inférieures qui n'a d'analogue que dans le genre *Pythonissa.*

IV.

Nous donnons ici la description d'une seconde espèce du genre *Butheolus.*

Butheolus Aristidis sp. nov. (Pl. VIII, fig. 23).

Long. trunci 10, 8, caudae 13, 5.

Truncus caudaque supra nigro-virescentes, vesica rufeola, segmenta abdominalia subter testacea, pedes albo-testacei, pedes maxillares trochantero femoreque fusco-virescentibus, tibia testacea fusco costata, manu albo-testacea. Cephalothorax crassus, postice latus antice attenuatus declivis et obtuse truncatus, sat valde et irregulariter granuloso-rugosus, carinis anticis nullis, intervallo oculorum mediorum leviter sulcato fere laevi, postice late et obtusissime sulcatus haud carinatus. Segmenta abdominalia I–VI tenuiter granulosa, costa media obsoletissima notata, segmentum VII utrinque costis duabus validis et granulosis carina media indistincta. Segmenta ventralia I-IV fere laevia subtilissime coriacea, segmentum V utrinque irregulariter granulosum atque in medio costis quatuor debilibus et brevissimis parum distinctis notatum. Cauda crassissima, versus apicem valde dilatata, supra segmentis I-V valde excavatis fere laevibus, utrinque costis elevatis tenue granulosis notatis, segmento V supra depressione lata ovali et nitida notato, infra segmentis I-III parce granulosis atque costis quatuor tenue granulosis munitis, segmentis IV et V haud costatis nec granulosis, convexis, nitidis, punctis excavatis grossis regulariter impressis. Vesica minima angustissima, aculeo vix latior, nitida, subter parce punctata. Coxae fere laeves, granulis parvis marginatae. Pedes maxillares parum robusti; femore supra parcissime granuloso atque carinis tenue granulosis limitato; tibia laevi, carinis quatuor validis laevibus ornata; manu angustata, tibia breviore et paullo angustiore, fere parallela, nitidissima, haud costata parcissime punctata; digitis manu evidenter longioribus. Pedes femoribus subtiliter granulosis. Pect. dent. 15.

Cette espèce a été trouvée en Nubie sur les bords du Nil par M.r Aristide Letourneux auquel je suis heureux de la dédier.

Les indigènes du haut Nil, qui en géneral ne craignent pas beaucoup les scorpions, attribuent au *Butheolus Aristidis* une piqure très venimeuse et le redoutent beaucoup.

En résumé les deux espèces du genre *Butheolus* que nous décrivons dans ce mémoire se distinguent par les caractères suivants:

Caudae segmenta IV et V subter dense granulosa et carinata. Manus supra obtuse carinata. Vesica convexa, infra angulosa. *Thalassinus.*

Caudae segmenta IV et V subter haud granulosa nec carinata, nitida grosse et regulariter punctata. Manus laevis haud costata. Vesica angustissima, subcylindrata, laevis . . . . *Aristidis.*

EXPLICATION DE LA PLANCHE VIII

1. *Biton yemenensis* E. S., chélicère de profil.
2. *Mogrus fulvovittatus* E. S., épigyne.
3. *Lycosa hypocrita* E. S., épigyne.
4. *Lycosa timida* E. S., épigyne.
5. *Thomisus arabicus* E. S., bulbe du mâle.
6. *Thanatus simplicipalpis* E. S., patte-mâchoire du mâle de profil.
7. *Pythonissa bicalcarata* E. S., bulbe du mâle.
8. *id.* *spinigera* E. S., bulbe du mâle.
9. *id.* *id.* épygine

10. *Pythonissa arenicolor* E. S., bulbe du mâle.
11. *id.* *id.* épygine.
12. *Zimiris Doriae* E. S., corps en dessus.
13. *id.* *id.* yeux.
14. *id.* *id.* filières.
15. *id.* *id.* griffes tarsales.
16. *Chiracanthium yemenense* E. S., patte-mâchoire du mâle de profil.
17. *Buthus dimidiatus* E. S., céphalothorax en dessus.
18. *Buthus acutecarinatus* E. S., id.
19. *Buthus Beccarii* E. S. id.
20. *Butheolus thalassinus* E. S., en dessus et grossi.
21. *Megamyrmecion holosericeum* E. S., yeux.
22. *id.* *id.* E. S., filières.
23. *Butheolus Aristidis* E. S., en dessus et grossi.

BIBLIOTHÈQUE NATIONALE RF

(Estratto dagli Ann. del Mus. Civ. di St. Nat. di Gen., Vol. XVIII, 10-28 Marzo 1882)

Genova — Tip. Sordo-Muti.

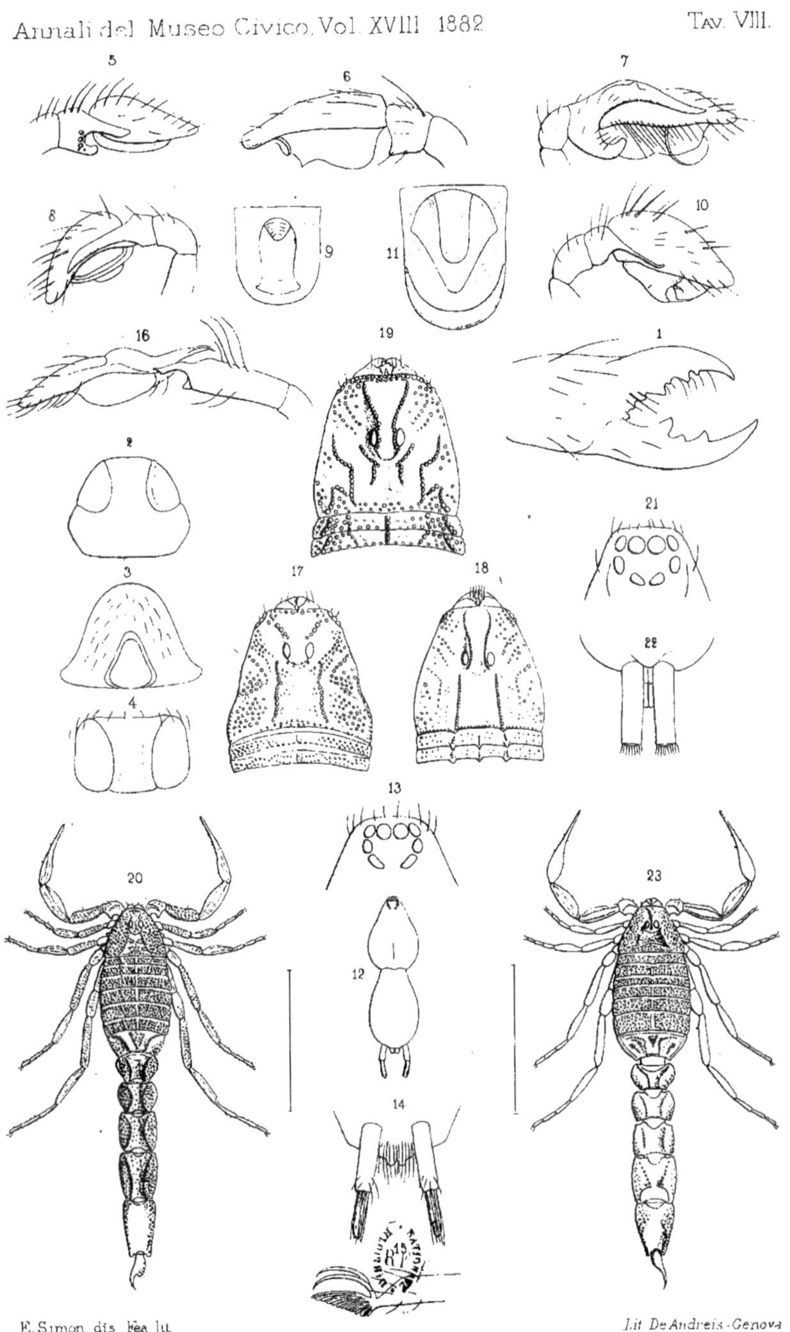

E. Simon dis Fea lit

Lit De Andreis-Genova

Arachnides de l' Yemen méridional

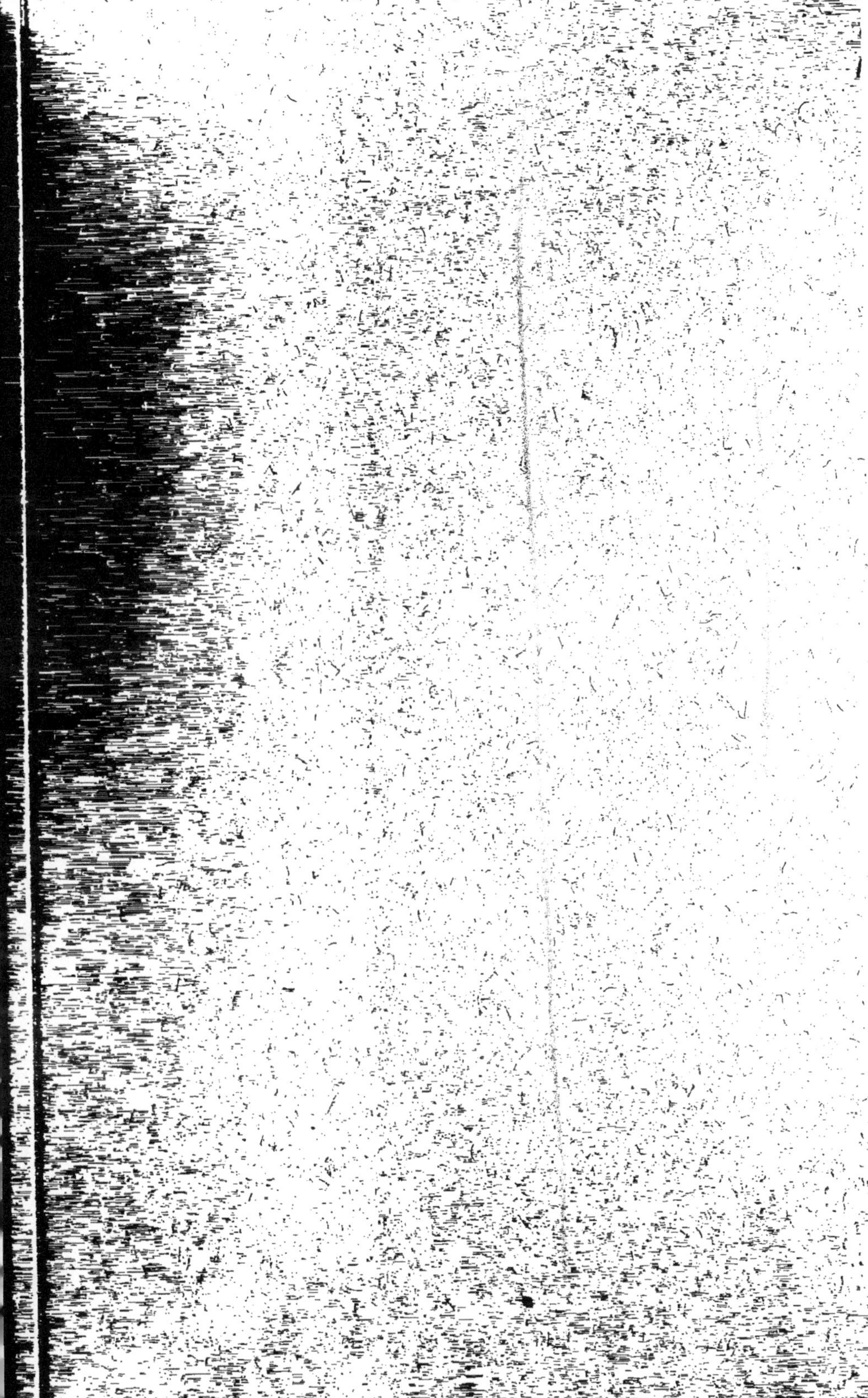

BIBLIOTHEQUE NATIONALE DE FRANCE
3 7531 03987360 0

www.ingramcontent.com/pod-product-compliance
Ingram Content Group UK Ltd.
Pitfield, Milton Keynes, MK11 3LW, UK
UKHW020425230726
13925UKWH00004B/1610